AF066353

Die Gesamtorganisation der Berlin-Anhaltischen Maschinenbau-A.-G.

Die Gesamtorganisation der Berlin-Anhaltischen Maschinenbau-A.-G.

Von

Ingenieur **Richard Blum,**
Direktor der Berlin-Anhaltischen Maschinenbau-A.-G., Berlin.

Springer-Verlag Berlin Heidelberg GmbH
1911.

Inhaltsverzeichnis.

		Seite
I.	Allgemeines	7
II.	Rein kaufmännische Organisation	16
III.	Rein technische Organisation	22
IV.	Werkstätten-Organisation, Lohn- und Akkordwesen	26
V.	Organisation der Aufstellungsabteilung	35
VI.	Nachrechnung (Nachkalkulation)	39
VII.	Vertrieb	41

ISBN 978-3-662-40799-8 ISBN 978-3-662-41283-1 (eBook)
DOI 10.1007/978-3-662-41283-1

Sonderabdruck aus
„TECHNIK UND WIRTSCHAFT"
Monatschrift des Vereines deutscher Ingenieure.
IV. Jahrgang, 1911. Heft III und IV.

Die Organisation einzelner Abteilungen von Fabriken, sei es der Buchhaltung, sei es der Arbeiterkontrolle, des Akkordwesens, der Massenherstellung und dergl., ist in den letzten Jahren vielfach beschrieben worden. Ich habe jedoch niemals eine Veröffentlichung gefunden, welche die Gesamtorganisation eines großen Werkes vom Anfang bis zu Ende, d. h. vom Eingang der Briefe bis zur Fertigstellung, Ablieferung und Abrechnung der gelieferten Arbeiten wiedergibt. Hierzu gehören auch die Regelung des Reklamewesens, die Regelung der Vertretungen, regelmäßige Veröffentlichungen und dergl.

Die nachfolgende Abhandlung soll nun zeigen, wie all dieses in unsern Werken gehandhabt wird, und wie namentlich die Leiter des Unternehmens einen vollkommenen Überblick über alles haben, was in den Fabriken und Bureaus vorgeht, und über alles unterrichtet sind, ohne daß sie mit all den Dingen belastet werden, welche ihre natürliche Abwicklung erfahren müssen.

Die Organisation ist im Laufe der Jahre mehrfach geändert worden infolge des Größerwerdens unserer einzelnen Fabriken. Die Berlin-Anhaltische Maschinenbau-A.-G. ist hervorgegangen aus den Firmen Oechelhaeuser & Blum, Berlin, und Julius Arendt, Dessau. Die Form der Aktiengesellschaft nahm sie im Jahre 1871 an. Die Arbeiterzahl betrug damals ungefähr 120 Mann. Das Grundkapital belief sich auf $1^1/_2$ Millionen M. Im Laufe der Jahre wurde das Aktienkapital mehrere Male erhöht; es beträgt zur Zeit 12 Millionen M. Der Jahresumsatz ist auf 32 Millionen M im Jahre 1910 gestiegen. Die Anzahl der Arbeiter und Beamten beträgt ungefähr 6500. Die Arbeitsgebiete sind in unsern verschiedenen Fabriken verschieden. In Berlin, Köln, Zeist und Mailand werden hauptsächlich Gasanstaltsbauten mit allem Zubehör (hierher gehören auch moderne Förderanlagen für Kohle, Koks, wie überhaupt für Massen) hergestellt; ferner Koksofenanlagen mit Gewinnung der Nebenprodukte, Aufzüge, Gasbehälter, Eisenkonstruktionen, Eisenbahnwagen-Beleuchtung, ferner in unserer Kölner Fabrik Mischeranlagen für die Eisenindustrie usw. Zu den Gasanstaltsbauten gehört auch die Anfertigung von Laternen, Glühkörpern, Brennern und dergl. mehr. Unsere Dessauer Fabrik ist die älteste und leistungsfähigste Fabrik auf dem Gebiete des Triebwerkbaues. Außerdem baut sie Wanderroste, Unterschubfeuerung und andere Sondererzeugnisse.

Die Organisation unserer Unternehmungen ist derart durchgebildet, daß jedes Vorstandsmitglied über Ein- und Ausgang sämtlicher wichtigen Briefe eingehend unterrichtet ist, gleichgültig, ob es an Ort und Stelle oder ob es verreist ist, daß es über den Gang der Fabrikation, über die Aufstellungsarbeiten, über die eingehenden Anfragen, die abgehenden Angebote, über deren Erledigung, über die eingehenden Aufträge und die Herstellung genau laufend Kenntnis erhält. Die Organisation ist so getroffen, daß die leitenden Vorstandsmitglieder von allem Unwesentlichen entlastet werden. Es wäre ein falscher Grundsatz, der an patriarchalische Verhältnisse erinnert, wollte man heute bei einem großen Geschäftsbetrieb noch alles selbst machen wollen. Man würde sich da nur in Kleinigkeiten verlieren, während man den Überblick über das Ganze behalten muß. Man würde nicht genügend freie Zeit haben, um sich den Aufgaben zu widmen, die ein großes Unternehmen mit sich bringt. Die leitenden Beamten einer solchen Fabrik müssen unbedingt den Kopf frei haben für große Aufgaben. Sie müssen aber auch jederzeit in der Lage sein, laufend prüfend zu können, ob der Geschäftsgang in allen seinen Einzelheiten in der Weise gehandhabt wird, wie es den Wünschen des Vorstandes entspricht. Hierzu gehört selbstverständlich, daß man verantwortliche Beamte hat, welche die einzelnen Abteilungen leiten. Diese Beamten müssen in ihren Entschlüssen frei sein und nur in wichtigen Sachen die Hülfe der Vorstandsmitglieder in Anspruch nehmen. Es ist ihnen deshalb auch eine entsprechende Machtbefugnis zu geben. Hierdurch wird erreicht, daß nicht nur die ersten Beamten entlastet werden, sondern daß sich auch die betreffenden Oberingenieure oder Prokuristen ihrer Verantwortlichkeit bewußt sind. Mit dieser Verantwortlichkeit wächst auch die Arbeitsfreudigkeit. Auch dem Betriebe, dem Versand, den Aufstellungsarbeiten, dem Einkauf usw. muß je ein verantwortlicher Beamter leitend vorstehen, dem einerseits große Vollmacht gegeben wird und von dem man anderseits weiß, daß er seine Maßnahmen in dem vom Vorstande gewünschten Sinne trifft. Aber auch hier muß die Verbindung zwischen ihnen und den Vorstandsmitgliedern gewahrt sein.

Unsere Organisation war umso schwieriger, als wir neben unserer Berliner Fabrik Fabriken in Dessau, in Köln-Bayenthal, in Zeist in Holland und in Mailand haben. Deshalb muß die Organisation so getroffen sein, daß ein zweckmäßiger Austausch aller wichtigen Mitteilungen rechtzeitig stattfindet, daß das eine Werk dem andern helfen kann zur Hereinholung von Aufträgen, indem es einspringt beim Materialeinkauf, oder indem die besseren Beziehungen des einen oder andern Werkes jeweilig ausgenutzt werden.

Die nachfolgende Beschreibung wird Aufschluß darüber geben, wie nach dem Grundsatz „getrennt marschieren, vereint schlagen" die Fäden vom Eingang der Briefe ab von den Vorstandsmitgliedern zu den einzelnen Abteilungen laufen, um dann wieder während der Bearbeitung, nach Fertigstellung usw. zum Ausgangspunkt zurückzulaufen.

Ich muß es mir bei dieser Beschreibung versagen, einmal wegen des gedrängten Raumes, zweitens, um die Leser nicht zu ermüden, all diejenigen Vordrucke wiederzugeben, die dem Geschäftsgang in den einzelnen Abteilungen zugrunde liegen und ihn wesentlich erleichtern. In der Einleitung, die Professor Dr.-Ing. Schlesinger dem ausgezeichneten Werke von J. Lilienthal „Fabrik-Organisation der Firma Ludw. Loewe & Co." mitgegeben hat, sagt er richtig, daß diese vielen Vordrucke nicht etwa eine Erschwerung des Betriebes darstellen, sondern ein wesentliches Hülfsmittel und damit eine wesentliche Vereinfachung. Je mehr durch Vordrucke vorgeschrieben ist, wie jede einzelne Sache zu behandeln ist, umso richtiger wird sie gemacht, und umso weniger wird vergessen. Ich entsinne mich eines Ausspruches, den Geh. Regierungsrat Prof. Dr.-Ing. Riedler im Kolleg getan hat: „Bringen Sie in die Zeichnungen und in Ihre Beschreibungen all dasjenige hinein, was Sie ausgeführt zu wissen wünschen. Enthalten diese Beschreibungen und Zeichnungen eine Lücke, die eine andere Deutung zuläßt, so können Sie sicher annehmen, daß es von hundert Malen neunzigmal falsch gemacht wird. Es darf nichts als selbstverständlich vorausgesetzt werden. Dies gilt nicht nur von technischen, sondern auch von kaufmännischen Betrieben."

Sollen all diese Bedingungen in modernen Fabriken erfüllt werden, so muß der leitende Ingenieur kaufmännische Schulung besitzen, wie der kaufmännische Leiter unbedingt die Gabe für richtige Beurteilung technischer Dinge haben muß.

Die Beschreibung der Gesamtorganisation wird nun in der Weise erfolgen, daß ich sie in einzelne Abteilungen gliedere, und zwar:

    I. Allgemeines
   II. rein kaufmännische Organisation
  III. rein technische Organisation
  IV. Werkstätten-Organisation, Lohn- und Akkordwesen
   V. Organisation der Aufstellungsarbeiten
  VI. Nachkalkulation
 VII. Patentwesen, Vertrieb einschließlich Organisation der Vertreter, der Reiseingenieure und der Reklame.

Um zeigen zu können, wie diese einzelnen Abteilungen trotz ihrer getrennten Organisation wieder mehr oder minder mit dem Vorstand in Verbindung stehen, ist es notwendig, den Geschäftsgang für diese 7 Abteilungen kurz darzulegen:

I. Allgemeines.

Die eingehende Post wird täglich dreimal vom Postamt in geschlossener Tasche abgeholt und dann der Postverteilstelle zum Öffnen und Verteilen an die einzelnen Abteilungen überwiesen. Da in Berlin die Post fast stündlich ausgetragen wird, wurde diese Einrichtung notwendig, um die Unruhe aus dem Geschäftsbetrieb herauszubringen.

Jeder eingehende Brief wird mit dem Datumstempel versehen. Dieser Stempel hat einen Zähler, so daß jeder Brief gleichzeitig mit dem Stempel eine fortlaufende Nummer erhält. Auf dem Stempel befinden sich einzelne Vierecke, welche mit den Nummern der Abteilung oder der Abteilungen ausgefüllt werden, denen der Brief überwiesen wird. Der Beamte, der die Stempelung der Briefe vornimmt, hat weitere Stempel zur Verfügung, nämlich: Versand, Rechnungsprüfung, Lohnbureau, Vertraulich, Kasse, Buchhaltung, Bestellung Nr.... Hierdurch wird erreicht, daß bei der Verteilung der Briefe durch deutlichen Aufdruck Fehler vermieden werden. Am wichtigsten ist der letzte Aufdruck, nämlich Bestellung Nr.... Diese Briefe wandern zu dem Beamten, der die Eintragung der Bestellungen unter sich hat. Er gibt dann den Bestellungen eine oder mehrere Nummern, die sich wie ein roter Faden durch die Bearbeitung des Auftrages hindurchziehen. Sind die Aufträge größeren Umfanges, so setzt er sich mit den einzelnen Abteilungsvorstehern in Verbindung, um in richtiger Weise getrennte Bestellungen für den Auftrag eintragen zu können. Es sei hier schon erwähnt, daß die Bestellungen aus den Bureaus unter dieser Nummer in die Werkstatt gehen, daß sowohl in der Werkstatt wie später bei der Aufstellung, bei der Rechnungslegung usw. diese Bestellnummern dauernd angegeben werden müssen. Ohne sie wird kein Material verausgabt, und ohne sie wird keine Arbeit in der Werkstatt und bei der Aufstellung vorgenommen. Damit die Briefe, die einer eingehenden Bearbeitung bedürfen, nicht erst ihre Erledigung finden, wenn die Bearbeitung erledigt ist, erhalten sie einen Stempel „Bestätigung ist erfolgt" und als Unterteilung „mit Vorbehalt" und „endgiltig". Dies ist notwendig, damit die Anfragenden die Bestätigung alsbald nach Eingang der Anfrage erhalten.

Die überwiesenen Briefe werden einem Beamten, der das Briefeingangsbuch führt, zur kurzen Eintragung übergeben. Die Briefeingangsbücher sind mit laufenden Nummern versehen, und zwar 1 bis 10000 und 10001 bis 20000. Von diesen Büchern sind dauernd 2 Stück im Gebrauch; das eine dient zur Aufnahme der Briefe, die an Tagen mit grader Datumzahl, das andere für Briefe, die an Tagen mit ungrader Datumzahl eingegangen sind. Das Briefeingangsbuch enthält die Nummer des eingegangenen Briefes, das Datum des Einganges, den Namen des Absenders sowie den ganz knappen Inhalt des Briefes. Es sind dann noch 2 Spalten vorgesehen, in denen zu bemerken ist, wann der Brief der Aktenverwaltung zum Ablegen gegeben wurde. Solange diese Spalte noch unausgefüllt ist, ist der betreffende Brief noch nicht erledigt; ist sie ausgefüllt, so dient dies als Beweis, daß der Brief erledigt ist und sich in den Akten befindet. Die zweite Spalte dient zu Vermerken über Anmahnungen.

Unwichtige Briefe gehen ohne weiteres den vorgeschriebenen Weg, während alles Wichtige erst in einen Briefauszug aufgenommen wird, ehe die Briefe weiter wandern. Zu diesem Zweck werden von der Postverteilstelle diejenigen Briefe, die in den Briefauszug aufgenommen werden sollen, mit einem Stempel „Briefauszug" versehen. Sie wandern dann ins Schreibzimmer, woselbst an Hand der einzelnen Briefe in den Auszug Nummer, Absender, kurzer Inhalt und diejenigen Abteilungen eingetragen werden, denen der Brief dann zur Weiterbearbeitung oder Erledigung überwiesen wird. Ein Beamter, welcher Jahre lang bei uns tätig ist, weiß mühelos Wichtiges und Unwichtiges zu trennen. Eine Gegenprüfung, daß nichts Wichtiges vergessen worden ist, findet leicht dadurch statt, daß die Abteilungsvorsteher beim Rundgang der Vorstandsmitglieder durch die Abteilungen alle wichtigen Briefe oder Vorgänge zur Sprache bringen.

Die Bemerkung über den Gegenstand des Briefes muß so abgefaßt sein, daß das Wesentliche des Briefinhaltes daraus ersichtlich ist. Hierzu sind nicht etwa ganz besondere Kräfte notwendig, sondern es ist nur eine Sache der Übung, mit wenigen Worten das Wesentliche des Briefinhaltes zum Ausdruck zu bringen. Dieser Briefauszug wird mit so vielen Durchschlägen hergestellt, wie die Zahl der Vorstandsmitglieder und Beamten beträgt, welche die Auszüge regelmäßig zu erhalten haben. Die Briefauszüge sind getrennt nach gewöhnlichen Briefen, vertraulichen Briefen, Depeschen, Kassensachen, Bestellungen und Anfragen. Sie werden für die Morgen- und Nachmittagspost gegeben und sind nur für die Mitglieder des Vorstandes und noch einige besonders bezeichnete Beamte bestimmt. Da in der Postverteilstelle ein Beamter sitzt, der kein Interesse daran hat, irgend etwas zu verheimlichen, was in den einzelnen Abteilungen vorgeht, so ist dadurch gleichzeitig bei der bei ihm vorhandenen Übung die Gewähr geboten, daß auch tatsächlich alles Wichtige in die Briefauszüge kommt. Hierdurch ist wiederum die Gewähr geleistet, daß der Vorstand auch alles erfährt, wovon er wissen muß. Alle diejenigen Briefe, die Mitgliedern des Vorstandes überschrieben werden, kommen auch in den Briefauszug, damit die einzelnen Mitglieder des Vorstandes untereinander wissen, wem der Brief überschrieben ist und von wem er erledigt wird.

Diese Briefauszüge haben eine große Bedeutung für den Aufbau der ganzen Organisation. Sie dienen als Bindemittel zwischen dem Vorstand und allen Abteilungen. Die Briefauszüge sind 1 bis $1^1/_2$ Stunden nach Beginn der Bureauzeit fertig, so daß dann die Mitglieder des Vorstandes über die ganze eingegangene Post unterrichtet sind, ohne mit dem ganzen Material belästigt zu werden. Die bei vielen Fabriken üblichen gemeinsamen Konferenzen werden hierdurch vermieden, da die Vorstandsmitglieder entweder die Abteilungsvorsteher der einzelnen Abteilungen, je nachdem es zweckmäßig ist, zu sich bitten zu können, oder sich dasjenige in den Briefauszügen bezeichnen, was sie mit den Abteilungen zu besprechen haben und bei einem Durchgang durch die Bureaus mit den Abteilungsvorstehern erledigen können.

Den Vorstandsmitgliedern, die auf Urlaub oder geschäftlich verreist sind, werden auf Wunsch diese Auszüge jeden Tag zugestellt, so daß sie genau über die geschäftlichen Vorgänge laufend unterrichtet sind. Sie sind daher in der Lage, von jeder Stelle aus, auf längeren Reisen, beim Urlaub usw. rechtzeitig einzugreifen, wenn sie wegen der Behandlung irgendwelcher Geschäfte besondere Wünsche haben. Dieses einfache Mittel verschafft ihnen einen vollständigen Überblick über die eingehende Post, über die eingehenden Zahlungen, über Bestellungen, vertrauliche Sachen, wichtige Depeschen und auch über neue Anfragen. Auf Grund dieses Briefauszuges werden dann gegebenenfalls von denen, die es angeht, die wichtigen Briefe in Urschrift eingefordert oder bei den einzelnen Abteilungen mit den Vorstehern durchgegangen.

Damit jeder Brief, auch der unwichtigste, bestimmt erledigt wird, wird er, wenn er innerhalb 10 Tagen nicht im Briefeingangsbuch als erledigt eingetragen ist, durch besondere Mahnzettel eingefordert, auf denen von den betreffenden Abteilungen zu vermerken ist, wann der Brief erledigt wird oder warum er bis zu dem betreffenden Tage nicht erledigt ist.

Die ausgehende Briefpost wird in folgender Weise erledigt: 2 Stunden vor Bureauschluß werden sämtliche Briefe von den Abteilungsvorstehern gegengezeichnet und mit dem Unterschriftstempel versehen. Diese Briefe werden dann den Prokuristen oder den Handlungsbevollmächtigten zur Unterschrift vorgelegt. Die Vorstandsmitglieder erhalten nur diejenigen Briefe, welche sie selbst diktiert haben, oder deren Unterzeichnung nach der Geschäftsordnung ihnen vorbehalten ist. Nachdem die Briefe ordnungsgemäß unterschrieben sind, werden sie von der Aktenverwaltung abgeholt. Der Beamte, der die Absendung der Briefe besorgt, ordnet sie. Briefe mit Anlagevermerk werden besonders behandelt, um eine genaue Prüfung vorzunehmen, ob alle Anlagen, wie Kostenanschläge und Zeichnungen, mit dem Vermerk übereinstimmen. Briefe ohne Anlage werden in einem Regal von A bis Z geordnet. Hier verbleiben sie solange, bis von sämtlichen Abteilungen der Postschluß gemeldet ist. Durch diese Vorrichtungen werden unnötige Ausgaben von Porto vermieden, wenn mehrere Briefe an eine und dieselbe Adresse gehen. Der Beamte, der die Portokasse führt, versieht die ausgehenden Briefe mit Freimarken und vermerkt gleichzeitig die Adresse des Empfängers. Der Beamte, der die Post versendet, empfängt die freigemachten Briefe und ordnet sie nach dem Wert der Sendung. Er führt sie der Anzahl nach auf, z. B. 100 Briefe zu 5 Pfg, 100 Briefe zu 10 Pfg, 4 Eilbriefe usw. Die Endsumme muß dann genau mit der Kassen-Portoausgabe übereinstimmen. Die Portokasse wird von einem Beamten der Buchhaltung geführt, der Briefversand ist der Aktenverwaltung angegliedert.

Zur Erleichterung und zur Zeitersparnis verwenden wir soweit wie möglich sogenannte Fensterumschläge. Von Firmen, mit denen wir im regelmäßigen Briefwechsel stehen, und solchen, die laufend größere Briefsendungen erhalten, haben wir vorgedruckte Umschläge.

Es kann nun eingewendet werden, daß durch diese Handhabung die einzelnen Vorstandsmitglieder und die einzelnen Abteilungen von der Erledigung der ausgegangenen Post nicht genügend Kenntnis erhalten.

Hierfür haben wir sogenannte Tageshefte eingerichtet. Von jedem ausgehenden Brief werden zwei Durchschläge gemacht. Einer ist für die Akten bestimmt und einer für die Tageshefte. Der Durchschlag für die Akten kommt mit dem Original zur Unterschrift, während der zweite Durchschlag der Aktenverwaltung für die Tageshefte zugeführt wird. Am nächsten Morgen werden die Durchschläge für die Tageshefte einmal nach Abteilungen, einmal alphabetisch geordnet. Für alle Abteilungen sind Tageshefte eingerichtet; die des Vorstandes unterscheiden sich durch abweichende Farben der Umschläge von den übrigen. Auf der Außenseite der Tageshefte sind durch Aufdruck die Abteilungen und Beamte vermerkt, von denen diese Hefte zu lesen sind. Diese Beamten haben als Merkmal, daß sie den Brief gelesen haben, den nötigen Vermerk auf dem Umschlag zu machen.

Durch diese Einrichtung wird nicht nur ermöglicht, daß die Aktenverwaltung die Aktendurchschläge sofort einordnen kann, sondern daß am nächsten Tage jedes Vorstandsmitglied von den Briefen seiner Kollegen Kenntnis bekommt, sowie daß der kaufmännische wie der technische Direktor durch Einsicht in die Tageshefte der ihm unterstellten Abteilungen über alle Vorgänge unterrichtet ist. Das Durchblättern dieser Tageshefte nimmt nicht allzuviel Zeit in Anspruch, da man das Unwichtige selbstverständlich nur überfliegt. Man hat also auf diese Weise einen guten Überblick über die täglich bei uns ausgehende große Zahl von Briefen. Die Abteilungen, die Rechnungen usw. ausstellen, haben besondere Tageshefte, die den betreffenden Abteilungsvorstehern dann zugestellt werden. Mit derartigen Briefen werden Mitglieder des Vorstandes nicht belästigt.

Selbstverständlich gehen bestimmte Tageshefte, wie auch die vertraulichen Tageshefte, nur an den Vorstand, hingegen die andern an bestimmte vorher angegebene Abteilungsvorsteher, damit auch diese bei den Abteilungen, die Hand in Hand arbeiten müssen, auf dem Laufenden sind. Hierdurch wird vermieden, daß zwei Beamte eine und dieselbe Sache etwa verschieden behandeln.

Die Vorstandsmitglieder sind durch Einsicht in die Tageshefte, wenn sie einige Tage verreist oder längere Zeit auf Urlaub waren, nach Rückkehr von der Reise über die Vorgänge während ihrer Abwesenheit genau so unterrichtet, als ob sie nicht verreist gewesen wären. Wichtig ist auch, daß sich der Beamte, der die Verteilung der Post vornimmt, aus den Durchschlägen der Tageshefte genau über die geschriebenen Briefe unterrichtet. Er erwirbt sich hieraus die Fähigkeit, eingehende Antworten dem zu überweisen, den es angeht.

Unsere einzelnen Fabriken tauschen allwöchentlich die Zusammenstellung aller eingegangenen Bestellungen und Anfragen untereinander aus. Haben zwei unserer Fabriken die gleichen Anfragen, so findet eine kurze schriftliche Verständigung unter ihren Vorstandsmitgliedern statt, von welcher Fabrik die Bearbeitung übernommen wird, damit Kosten für zeichnerische Arbeiten und Reisen gespart werden. Außerdem erhält jeder unserer auswärtigen Beamten und der Ingenieur, dem bestimmte Gebiete zum Bereisen oder zur Vertretung zugeteilt sind, wöchentlich Durchschlag der aus seinem Gebiet eingegangenen Bestellungen und Anfragen, damit er unterrichtet ist, welche Bestellungen erteilt sind und welche neuen Anfragen zu bearbeiten sind. Diese Beamten erhalten außerdem regelmäßig alle 4 Wochen einen Auszug der noch offenen Anfragen, auf die Bestellungen oder Absagen, daß der Auftrag anderweitig vergeben ist, bisher nicht eingegangen sind. Sie haben zu diesen offenen Angeboten ihre Bemerkungen zu machen und diese Auskünfte an den Vorstand zurückzusenden. In regelmäßigen Zeitabschnitten werden sämtliche offenen Angebote zwischen Vorstand und Reiseingenieuren durchgesprochen und die Reisen dann genau festgelegt.

Damit nun jeder unserer Beamten, wer es auch sei, jederzeit zu erreichen ist, ist er verpflichtet, bei Abreise einen ausgefüllten Vordruck an der Kasse abzugeben, aus dem hervorgeht, wann er in den einzelnen Orten eintrifft, wo er zu erreichen und wann voraussichtlich seine Rückkehr zu erwarten ist. Ändert sich an diesem Programm irgend etwas, so ist durch schriftliche oder wenn notwendig, telegraphische Mitteilung der Firma davon Kenntnis zu geben.

Durch den Austausch der Anfragen und Bestellungen wird in zweckmäßiger Weise erreicht, daß diejenige Fabrik, welche die besten Beziehungen zu dem Anfragenden hat, die Entwürfe bearbeitet und verfolgt, sofern nicht andere Gründe vorliegen, die eine Bearbeitung in einer andern Fabrik notwendig machen.

Sämtliche Beamte vom Vorstand bis zum letzten Angestellten hinunter sind, wenn sie Reisen machen, verpflichtet, schriftliche Berichte in bestimmten Zeiträumen zu geben. Von allen einlaufenden Berichten bekommen die andern Fabriken des Konzerns Abschriften. Da diese Reiseberichte auch wiederum in die Briefauszüge aufgenommen werden, erhalten hierdurch die Vorstandsmitglieder Kenntnis von dem Inhalt der Berichte.

Aber auch im Innern war es notwendig, eine straffe Organisation zu schaffen. Jeder unserer Beamten erhält bei seiner Anstellung einen vorgedruckten Anstellungsbrief, der seine Rechte und Pflichten genau regelt. Je größer die Anzahl der Beamten wird, umso straffer muß die Organisation sein. Gerade in großen Städten, wo die Entfernungen sehr groß sind und die einzelnen Beamten aus Sparsamkeits- und Gesundheitsrücksichten gezwungen sind, in den Vororten zu wohnen, ist es eine zwingende Notwendigkeit, die sogenannte englische Arbeitzeit einzuführen. Namentlich im Sommer würden die Beamten in der Mittagspause durch die weiten Wege bei großer Hitze ermüden, kämen ermüdet ins Bureau und leisteten dann nicht mehr dasselbe, wie wenn sie durcharbeiten. Die ersten Beamten werden durch die englische Arbeitzeit allerdings mehr belastet. Die Arbeitzeit dauert bei uns im Winter von 9 bis 5 Uhr, im Sommer von $1/_2 9$ bis $1/_2 5$ Uhr mit halbstündiger Unterbrechung zur Einnahme des Frühstücks. Die ersten Beamten sind jedoch meist, namentlich wenn Besprechungen hinzutreten, bis in den Abend hinein festgehalten. Die Beamten des Betriebsbureaus, der Verkaufsabteilung und alle, welche unmittelbar in der Fabrik zu tun haben, haben eine mit der Fabrik übereinstimmende Arbeitzeit. Bei der kurzen Arbeitzeit ist selbstverständlich darauf zu sehen, daß unbedingte Pünktlichkeit herrscht. Wir haben deshalb bei uns das amerikanische Kontrollsystem eingeführt, daß jeder der Beamten vom ersten bis zum letzten, einschließlich der Vorstandsmitglieder, Eingang und Ausgang aus der Fabrik bezeichnet. Jeder Beamte hat eine sogenannte Personalakte und es werden alltäglich über unentschuldigtes Fehlen, über Krankheit, über Urlaub, über militärische Übungen oder sonstige Ursachen des Fehlens genaue Vermerke geführt. Den Abteilungsvorstehern werden an jedem Tage Vordrucke vorgelegt, in denen die Beamten vermerkt werden, welche gefehlt haben, zu spät gekommen sind oder dergl., damit sie für die Personalakten ihren Vermerk machen, ob das Ausbleiben entschuldigt war oder nicht.

Um die englische Arbeitzeit durchführen zu können, war es notwendig, ein eigenes Kasino einzurichten. In diesem wird den Beamten warmes Frühstück verabreicht, für das infolge eines von der Gesellschaft geleisteten Zuschusses nur ein mäßiger Preis berechnet wird. Die Beamten dürfen von $1/_2 9$ bis $1/_2 5$ Uhr bezw. 9 bis 5 Uhr die Fabrik nicht verlassen.

Nebenbei sei noch erwähnt, daß wir seit kurzem für unsere Beamten eine Pensionskasse haben.

Von Zeit zu Zeit finden Sitzungen der Vorstandsmitglieder der einzelnen Fabriken statt, in denen alle wichtigen Fragen durchgesprochen werden. Auch wird in diesen Sitzungen auf Grund von Vorlagen genau geregelt, was in den stillen Zeiten an Vorrat in den einzelnen Fabriken angefertigt werden soll. Als Grundlage für diese Besprechungen gilt, daß bestimmte

Erzeugnisse auch nur von bestimmten Fabriken gemacht werden. Alle an unsern Aufsichtsrat zu richtenden Anträge werden den einzelnen Mitgliedern des Gesamtvorstandes zugänglich gemacht und erst, wenn Übereinstimmung erzielt ist, an unsern Aufsichtsrat gegeben. Keine wichtige Frage, die in den einzelnen Fabriken unseres Konzerns auftaucht, wird erledigt, ohne daß der kollegiale Zusammenhang zwischen den Vorstandsmitgliedern gewahrt bleibt, d. h. ohne daß zuvor sämtliche Vorstandsmitglieder von den Vorgängen Kenntnis erhalten haben. Für die Mitglieder des Vorstandes ist eine gemeinsam von ihnen beratene, vom Aufsichtsrat genehmigte Geschäftsordnung erlassen, die die Tätigkeit, die Rechte und Pflichten der Vorstandsmitglieder regelt. Für die Prokuristen, Oberingenieure usw. besteht wiederum eine besondere Geschäftsordnung, die vom Vorstand erlassen ist.

Unbedingt notwendig ist, daß die Vorstandsmitglieder vor Überraschungen bezüglich des Gewinnergebnisses am Schlusse des Jahres bewahrt bleiben. Sie müssen in der Lage sein, jederzeit einen Überblick darüber zu behalten, wie sich Einnahmen und Ausgaben gegenüberstehen, ob die Unkosten im Verhältnis zum erlangten oder geleisteten Auftragbestand hinauf oder herunter gehen, ob sich die einzelnen Arbeiten, die in der Fabrik ausgeführt werden, unter Zugrundelegung eines Mindest-Bruttoverdienstes richtig abrechnen, ob die Arbeiten auf den Aufstellungsplätzen mit den in den Kostenanschlägen vereinbarten Preisen unter Abzug der Handlungsunkosten und sonstigen Unkosten im Einklang stehen oder nicht. Wenn einmal durch einen Fehler im Voranschlage die Preise zu niedrig eingesetzt sind, so muß dieser Fehler sofort erkannt werden können und für spätere Ausführungen Abhülfe geschaffen werden.

Um dies zu erreichen, führen wir laufend über jede Bestellung Buch. Hierbei werden Verkaufpreis und bare Auslagen, d. h. Löhne und Material für den betreffenden Auftrag, einander gegenübergestellt. Man kann also bei jedem einzelnen auch noch so geringen oder noch so großen Betrage stets erkennen, wie groß der Bruttoverdienst ist. Auf Grund dieses Buches wird monatlich festgestellt, wieviel brutto gedeckt ist. Es wird ferner aufgestellt, wie groß unsere regelmäßigen Unkosten sind, und zwar für Abschreibungen, für Kranken-, Invaliditäts- und Unfallversicherung, Agenten, Provisionen, Kosten des Maschinenbetriebes, der Beleuchtung usw. Diese Unkosten, welche für das Jahr im voraus bekannt sind, werden zur Ermittlung der monatlichen Unkosten durch 12 geteilt.

Ferner werden die laufenden Unkosten festgestellt, die sich dauernd ändern, und zwar die Betriebsunkosten, die Gehälter, die Handlungsunkosten, die Lieferungskosten usw. Diese Unkosten sind von den Bruttogewinnen abzuziehen. Es ergibt sich dann allmonatlich unser Rohgewinn. Wir übersehen infolgedessen, namentlich indem wir diese Zahlen mit denen der verausgegangenen Jahre vergleichen, in jedem Monat, wie gearbeitet wird, und wieviel wir verdient haben. Wir können daher am Ende des Jahres nicht überrascht werden. Hand in Hand damit geht ein nur den Vorstandsmitgliedern zugängliches Buch, in das die eingehenden Aufträge laufend eingetragen werden. Indem man die einzelnen Monate auch wieder mit denen der Vorjahre vergleicht, kann man jederzeit übersehen, wieviel wir in den einzelnen Monaten und am Ende des Jahres im gleichen Zeitraum voraus oder zurück sind. Selbstverständlich ist, daß sich hier jährlich einzelne Verschiebungen ergeben; nur sollte am Ende des Jahres der Auftragbestand nicht zurückgegangen sein.

Dem zuständigen Vorstandsmitglied ist ferner die Ordnung der Gehalt- und Urlaubsangelegenheiten unterstellt. Die einzelnen Abteilungen machen rechtzeitig ihre Vorschläge auf Vordrucken, aus denen die bisherigen Bezüge, die letzte Erhöhung und der Zeitpunkt, zu welchem sie erfolgt ist, zu ersehen sind. Indem die Gehaltserhöhungen von den zuständigen Vorstandsmitgliedern nach Verständigung mit den Abteilungsvorstehern festgestellt werden, bleibt der Zusammenhang mit den einzelnen Beamten gewahrt, der in Großbetrieben sonst leicht verloren geht.

Die Gehaltauszahlung wird derart durchgeführt, daß die Beträge durch besondere, vertrauenswürdige Beamte nachgezählt und übergeprüft werden. Das Gehalt wird am Letzten des Monats im Laufe des Tages den einzelnen Beamten in einem verschlossenen, mit entsprechendem Vordruck versehenen Umschlage gleichzeitig mit einem Quittungsvordruck zugestellt, der nicht die Summe nennt. Dieser Quittungsvermerk ist innerhalb einer Stunde den Beamten, welche die Umschläge austeilen, wieder zuzustellen. Etwaige Beanstandungen darüber, daß der Inhalt nicht dem vereinbarten Gehalt entspricht, sind innerhalb einer Stunde auf der Kasse vorzubringen, sonst werden sie nicht mehr entgegengenommen. Im Laufe der letzten fünf Jahre ist nur ein einziges Mal eine Beanstandung erfolgt, ein Beweis, wie zweckmäßig diese Art der Gehaltauszahlung ist, und wie durch sie an Zeit gespart wird. Der Hauptzweck, den wir mit dieser Einrichtung erreichen wollten, in ruhiger und vornehmer Weise die Gehaltauszahlung ohne Störung durchzuführen, ist tatsächlich damit erzielt worden. Es erhalten infolgedessen die einzelnen Beamten von ihren Gehältern gegenseitig keine Kenntnis, was leicht eintritt, wenn mehrere Beamte gleichzeitig an einem Schalter abgefertigt werden.

Verbandsangelegenheiten und der darauf bezügliche Briefwechsel werden von einem besonders bestimmten Vertrauensbeamten geführt. Es wird hierdurch erreicht, daß die Bestimmungen und Verpflichtungen, die wir als Mitglied von Verbänden eingegangen sind, streng befolgt werden.

Ein besonderer Beamter ist für die Erledigung des vertraulichen Briefwechsels angestellt. Die Erledigung dieser Briefe findet in gemeinsamer Besprechung zwischen Vorstandsmitgliedern und dem betreffenden Beamten statt. Aus Zweckmäßigkeitsgründen haben die Beamten, die den vertraulichen Briefwechsel und den Briefwechsel in Verbandsangelegenheiten führen, ihr eigenes Zimmer.

Für fremdsprachigen Briefwechsel haben wir ebenfalls ein eigenes Bureau eingerichtet.

Zum allgemeinen Teil gehört noch die Registratur oder, wie wir sie mit der deutschen Bezeichnung nennen, die Aktenverwaltung. Die Aktenverwaltung ist in 4 Abteilungen eingeteilt. Jede einzelne Abteilung ist an der Farbe des Rückenschildes der Aktenhefte kenntlich. Abteilung 1 umfaßt den Briefwechsel mit Behörden, Abteilung 2 den Briefwechsel mit unsern auswärtigen Beamten, Zweigfabriken usw.; Abteilung 3 enthält unsere Lieferer. Lieferer, mit denen wir in regem Geschäftsverkehr stehen und einen umfangreichen Briefwechsel führen, erhalten ein eigenes Aktenheft.

Abteilung 4 betrifft den Briefwechsel mit Kunden und umfaßt den allgemeinen Schriftwechsel. In jedes Aktenstück ist auf der ersten Seite ein sogenannter Verweisungszettel eingeheftet. Er dient dazu, um richtig zu „verweisen", wenn ein Schriftstück mehrere Angelegenheiten betrifft. Hierdurch wird unnötiges Suchen vermieden. Die vertraulich zu behandelnden Briefe werden unter Verschluß gehalten und sind in besondere Aktenhefte eingereiht. Sämtliche Briefe, die in diese vertraulichen Akten aufgenommen werden, müssen wieder in den allgemeinen Akten „verwiesen" werden. Die Innenseite der Aktenhefte ist mit Vorschrift versehen, wie die einzelnen Briefe in jedem einzelnen Aktenstück geordnet sind. Handelt es sich um neue Bauten, so wird zum leichteren Auffinden ein Inhaltverzeichnis obenauf in das Aktenstück gelegt, z. B. Nr 1: Kostenanschläge, Nr. 2: Briefwechsel mit der Behörde, Nr. 3: Rechnungen, Nr. 4: Unterlieferer, Nr. 5: Bauleitung usw. Jeder einzelne Briefwechsel wird dann wieder durch entsprechend vermerkte Scheidewände mit Merkzetteln getrennt.

Wird der Briefwechsel mit einem Kunden so umfangreich, daß mehrere Aktenhefte nötig werden, so wird jede volle Mappe mit einem Schlußzettel versehen. Wenn Schriftstücke von Beamten aus den Akten genommen werden, so müssen dafür Fehlzettel eingelegt werden. Zum Jahresschluß werden die Akten in sogenannte Ruhemappen abgelegt. Diese werden wiederum mit fortlaufenden Nummern versehen. Die nun frei gewordenen Aktenmappen werden mit neuen Ziffern versehen und weiter benutzt. Außerdem werden auf der Innenseite links Vorgangszettel eingeklebt, so daß auch aus den im Gebrauch befindlichen Aktenheften sofort zu ersehen ist, in welcher Ruhemappe der vorhergehende Briefwechsel zu finden ist. Um stets Ordnung in der Aktenverwaltung zu haben, wird streng darauf geachtet, daß Aktenstücke nur gegen Quittung ausgegeben werden. Diese erfolgt auf besonderen dafür vorgedruckten Zetteln. Die Ausgabe von vertraulichen Akten ist nur an bestimmte, mit Namen in der Aktenverwaltung bezeichnete Personen gestattet. Falls andere solche Mappen einfordern, bedarf es des Gegenzeichnens des betreffenden Abteilungsvorstehers.

Es besteht ferner bei uns die Vorschrift, daß entnommene Akten eine halbe Stunde vor Bureauschluß der Aktenverwaltung abgeliefert werden.

Versand von Übersichten, Listen und Verwaltung der Bureaumaterialien.

Dies ist ebenfalls eine Aufgabe der Aktenverwaltung. Jede neu erschienene Liste oder sonstiges Reklamematerial wird auf Grund einer genau geführten Adressenkartei verschickt. Diese Kartei wird laufend auf Grund vorgekommener Veränderungen ergänzt.

Auch die Verwaltung des Bureaumateriales ist durch eine besondere Kartei geordnet. Hierdurch ist es möglich, Bestand und Verbrauch festzustellen. In Großbetrieben spielt der Verbrauch an Bureaumaterial eine nicht unwesentliche Rolle, so daß sich die dauernde Prüfung lohnt. Für jeden Beamten wird eine Personal-Verbrauchsakte geführt. Da die Kartei an einem feuersicheren Ort aufbewahrt wird, so ist bei Ausbruch eines Brandes leicht der Bestand festzustellen.

II.
Rein kaufmännische Organisation.
Buchhaltung.

Hierzu gehören folgende Bücher:
1. Die Grundbücher:
    a) Eingangsfakturenbuch
    b) Ausgangsfakturenbuch
    c) Kassabuch
    d) Memorial
2. Das Kontokorrent-Buch
3. Das Hauptbuch

Eingangsfakturenbuch.

Im Eingangsfakturenbuch werden sämtliche eingehenden Rechnungen verbucht. Die Verbuchung geschieht erst, nachdem die Prüfung vollständig erledigt ist. Jede Rechnung wird am Tage des Einganges mit laufender Nummer versehen und in eine Liste aufgenommen. Die Rechnungen mit der Liste kommen dann in eine Mappe, die das Eingangsdatum trägt. Jede Rechnung wird mit einem Stempelaufdruck versehen, aus dem die einzelnen Abteilungen hervorgehen, durch welche die Rechnung zu laufen hat. Die Mappe geht dann durch alle daran beteiligten technischen und kaufmännischen Abteilungen. Die Prüfung muß innerhalb 14 Tagen nach Eingang erfolgt sein, so daß die Rechnung nunmehr reif zur Verbuchung ist. Alsdann, also nach Verbuchung, wird sie zur Anweisung für die Kasse fertig gemacht.

Ausgangsfakturenbuch.

Dieses Buch nimmt sämtliche ausgehenden Rechnungen auf.

Kassabuch.

Hier werden sämtliche Bar-Ein- und -Ausgänge der Hauptkasse aus der von ihr geführten Kassenkladde eingetragen.

Memorial-Journal.

Das Memorial hat sämtliche Buchungen, die aus dem Briefwechsel hervorgehen, wie z. B. Aufgaben der Banken, des Postscheck-Verkehres usw. aufzunehmen; ebenso werden darin alle zahlenmäßigen Aufgaben auf Grund des Briefwechsels verbucht.

Da die amerikanische Buchführung zugrunde gelegt ist, schließt sich an das Memorial das Journal an. Um trotz des zur Verfügung stehenden geringen Raumes möglichst alle vorkommenden Konten aufnehmen zu können, werden die Schuldner und Gläubiger nicht nebeneinander aufgeführt, sondern sie erscheinen in einer Spalte, und zwar derartig, daß die Schuldner mit schwarzer und die Gläubiger mit roter Tinte in diese eine Spalte eingetragen werden. Sind in das Memorial alle Daten eingetragen, so schließen sich hier die übrigen Grundbücher, nämlich das Eingangsfakturenbuch, das Ausgangsfakturenbuch und die Kasse an. Nachdem somit sämtliche vorgekommenen Buchungen auf diese Weise vereinigt sind, erscheint für die Übertragung ins Hauptbuch für jeden Monat nur ein Posten auf jedem Konto für das Soll sowohl wie für das Haben.

Hauptbuch.

Wie aus der vorstehenden Schlußbemerkung hervorgeht, werden die Übertragungen in das Hauptbuch aus dem monatlich abgeschlossenen Journal vorgenommen.

Kontokorrent-Buch.

Aus den angeführten Büchern werden die Kontokorrent-Posten in die Kontokorrent-Bücher übertragen. Das Schuldner-Kontokorrent wird als Kartei geführt mit Ausnahme derjenigen Konten, die einen starken Verkehr haben, z. B. die Konten der Banken, bestimmter großer Gesellschaften usw. Hierfür ist ein besonderes kleines Kontokorrent angelegt, da sich für solche großen Konten die Kartei nicht eignet. Für die Gläubiger bestehen gebundene Bücher.

Übergangskonto.

Um beim Jahresabschluß die Bücher möglichst sofort weiter übertragen zu können, müssen sämtliche das alte Geschäftsjahr betreffenden Buchungen, die erst infolge verspäteten Rechnungseinganges und anderer Gründe im neuen Jahre gebucht werden können, auf ein Übergangskonto übernommen werden. Das Übergangskonto bleibt bis zur Fertigstellung des Abschlusses in Kraft. Sobald um diese Zeit das Übergangskonto abgeschlossen ist, wird es aufgeteilt, je nachdem die einzelnen Posten auf Handlungsunkosten, Betriebsunkosten, Gehalt usw. entfallen. Mit den daraus sich ergebenden Beträgen werden dann im alten Jahre die betreffenden Konten zugunsten des Übergangskontos belastet. Das Übergangskonto wird als Passivum mit in das neue Geschäftsjahr genommen. Hieraus ergibt sich der Ausgleich beim Abschluß von selbst.

Die Kartei wird in der Buchhaltung in folgenden Formen angewendet:
1. Kautionskartei, 2. Vertragskartei, 3. Effektenkartei, 4. Kartei für bestellte Anlagen (wegen Abschlagzahlungen), 5. Patentkartei,
ferner Auszug aus den Verträgen.

Kautionskartei.

Sobald eine Kaution, sei es in Wertpapieren oder Bürgschaftswechseln oder Bürgschaftserklärungen unsererseits, bei dem Besteller hinterlegt ist, wird dieser Vorgang auf der Kautionskarte vermerkt; auf dieser Karte ist auch der Vermerk bezüglich der Verbuchung zu machen. Ferner wird auf dieser Karte bei Wertpapieren die Rückgabe der Zinsscheine vermerkt, ebenso am Schlusse die stattgefundene Rückgabe des eigentlichen Kautionsgegenstandes.

Vertragskartei.

In dieser Kartei werden sämtliche Lieferungsverträge geführt, und zwar für jeden Besteller eine Karte, auf der dann sämtliche mit ihm getätigten Verträge nach und nach aufgeführt werden.

Effektenkartei.

Über jedes im eigenen Besitz befindliche Wertpapier wird eine Karte geführt.

Kartei für bestellte Anlagen.

Diese Kartei nimmt sämtliche Bestellungen, bezüglich deren bestimmte Abmachungen über Abschlagzahlungen und Kautionen getroffen werden, auf.

Diese werden bis zum Tage der Berechnung oder des Eintreffens der Restzahlung und Hinterlegung der Bürgschaft geführt.

Patentkartei.

Die für die Patentkartei einzutragenden erforderlichen Vermerke, sowie Verfügungen des Kaiserlichen Patentamtes über Patente, Musterschutz- und Warenzeichenanmeldungen werden auf Karten von verschiedener Farbe eingetragen. Außerdem sind Abteilungen für Vermerke über abgeschlossene Nutzungsverträge behufs rechtzeitiger Erledigung vorgesehen. Aus den Karten ist somit der Hergang von der Anmeldung des nachgesuchten Schutzes bis zu seiner Erteilung zu ersehen.

Kassenverwaltung.

Die Eingänge werden in ein Kassen-Prüfbuch eingetragen, das mit laufenden Nummern versehen den Tag der Zahlung, den Namen des Zahlenden, den Betrag in Ziffern und Buchstaben enthält. Es sind Spalten für die Eintragung der Namen derjenigen Bevollmächtigten vorgesehen, welche Quittung geleistet haben. Ferner sind vorhanden je eine Spalte für Quittung des Kassierers über den Empfang, Bestätigung des Prüfbeamten über Eintragung in das Kassabuch, zwei Spalten für Nachprüfung einmal nach dem Kassabuch, zweitens nach den Briefen selbst. Schließlich sind zwei Spalten für Bemerkungen eingerichtet: Inhalt mehr als angegeben, Inhalt weniger als angegeben. Diese Vermerke bezwecken die Übereinstimmung des Betrages der Gesamteingänge bis zum Schlusse eines jeden Monats, an welchem das Buch abgeschlossen wird.

Erst nachdem die Eintragung des Einganges in das Prüfbuch erfolgt ist, erhält der Kassierer die Barbeträge. Schecks werden zur Unterschriftleistung in das Prüfbuch eingetragen, ebenso werden auch alle Rechnungen, Quittungen zwecks Einziehung und sonstige für den Eingang von Beträgen dienende Unterlagen darin verbucht.

Die Eingangsbeträge werden hiernach vom Kassierer in das Soll der Kassenkladde gebucht, Ausgänge kommen in das Haben derselben, nachdem hierüber eine Zahlungsanweisung vorliegt; ohne diese darf eine Zahlung nicht geleistet werden. Die Zahlungsanweisung, welche Vorschrift über eine Verbuchung und Prüfvermerke über den Befund der Richtigkeit des Anzuweisenden enthalten muß, wird mit fortlaufenden Nummern versehen.

Nachdem die Kassenbelege die Prüfabteilung durchlaufen haben, gehen sie in die Kassenabteilung zurück, wo sie vom Kassenboten in eine Falzmappe nach Nummern geordnet, eingeklebt werden. Die Rückwand dieser Mappe wird mit Aufschrift über Monat und Nummern der Belege versehen, die Mappe wird dann den Kassenakten zugestellt.

Der Kassierer ist für den Kassenbestand verantwortlich. Er regelt Ein- und Ausgänge nach dem jeweiligen Bedarf und bedient sich hierbei der Bankverbindungen und des Postscheckamtes durch Ausschreiben von Schecks. Die Kasse wird regelmäßig in jeder Woche vom kaufmännischen Vorstandsmitgliede geprüft. Über den Befund der Aufnahme wird eine Kassenniederschrift angefertigt, welche dem Vorsitzenden des Aufsichtsrates eingesandt wird. Außerdem ist die Deutsche Treuhand-Gesellschaft, Berlin, beauftragt, jährlich verschiedene bezüglich des Zeitpunktes in ihr Belieben gestellte Stichprüfungen vorzunehmen, damit der Vorstand nach dieser Richtung hin gedeckt ist.

Auszug aus den Bestellbriefen und Verträgen.

Ein bestimmter Beamter hat aus den Bestellbriefen und aus den durch Verträge getroffenen Vereinbarungen einen Auszug zu machen, von dem je ein Durchschlag der Kasse, der Buchhaltung und der Versandabteilung zugestellt wird. Hierin erscheinen die für die kaufmännische Abteilung notwendigen Hinweise über Zahlungen, Verzugstrafe, Versandvorschriften, Feuerversicherung und alle sonstigen zu befolgenden Vorschriften.

Durch diese übersichtliche Ordnung und namentlich durch den ausgiebigen Gebrauch der Kartei ist es den Mitgliedern des Vorstandes in jedem Augenblick möglich, sich eingehend über den Stand der einzelnen Dinge zu unterrichten. Es bedarf nur kurzer Zeit, um einen vollen Einblick in diejenigen Gegenstände zu gewinnen, über die man Auskunft zu haben wünscht. Dadurch, daß die leitenden Buchhalter verpflichtet sind, alle Unregelmäßigkeiten dem zuständigen Mitgliede des Vorstandes vorzutragen, ist wiederum die Verbindung zwischen dieser Abteilung und dem Vorstande geschaffen. So lange alles seinen glatten Weg geht, ist es nicht notwendig, Mitglieder des Vorstandes zu behelligen; in dem Augenblick aber, in dem eine ordnungsgemäße Erledigung nicht erfolgt, ist das Eingreifen notwendig. Es ergibt sich hiernach, daß die Vorstandsmitglieder von dem Alltäglichen entlastet, von besonderen Vorkommnissen aber dauernd in Kenntnis gesetzt werden.

Zu der rein kaufmännischen Organisation gehört ferner die Lager- und Versandabteilung.

Bestellungen und Eingänge.

Die Lieferungen an uns erfolgen auf Grund schriftlich erteilter Bestellungen, die in Bestellungen für Kundenaufträge mit laufenden Nummern und in solche für Lagervorräte mit besonderen Nummern getrennt werden. Die Waren werden durch den Abnahmebeamten an Hand von Lieferscheinen, Versandanzeigen, Rechnungen oder Frachtbriefen abgenommen. Die Prüfung erstreckt sich auf Stückzahl, Abmessungen, Gewicht und Beschaffenheit. Beanstandungen werden sofort dem Lieferer aufgegeben. Sämtliche Eingänge werden nach erfolgter Abnahme mit Angabe, ob für Lagervorrat oder für Kundenaufträge, in das Eingangsbuch eingetragen. Die Eintragung geschieht mittels Schreibmaschine in mehrfacher Ausführung für die verschiedenen Werkstattabteilungen, damit diese eilig gebrauchte Materialien ohne Verzug abfordern. Je einen Durchschlag erhalten ferner die Kalkulation und die Lagerbuchhaltung. Das Eingangsbuch dient gleichzeitig als Prüfstelle für die Berechnung; bei allen Posten werden die Einkaufpreise sowie die Rechnungsdaten vermerkt, so daß die Bescheinigung einer etwa doppelt erteilten Rechnung ausgeschlossen ist, während bei den offenstehenden Posten die Rechnungen eingefordert werden. Im Eingangsbuch werden auch etwaige Rücklieferungen an Lieferer bei den betreffenden Posten vermerkt.

Lagereinteilung, Lagerbuchführung und Materialausgabe.

Es bestehen in unserer Berliner Fabrik 5 Lager. Lager 1 umfaßt alle als Lagervorrat eingehenden Kleinmaterialien. Lager 2 dient zur Aufnahme aller Kleinmaterialien, wie Armaturen, elektrische Teile usw. für Kundenbestellungen. Lager 3 ist das Eisenlager; es enthält die Lagervorräte an Band-, Stab- und Formeisen, Eisenblechen und schmiedeisernen Röhren. Das Rohgußlager (Nr. 4) nimmt alle Rohguß- und Stahlgußteile auf. Das Gußrohrlager (Nr. 5) ist für gußeiserne Röhren und Formstücke bestimmt. Die Eingänge werden bei Übernahme von den betreffenden Beamten auch in der angegebenen Weise geprüft. Beim Lager 2 sowie beim Rohgußlager führt jede Bestellnummer eine besondere Lagerkarte. Für die Lagervorräte ohne Nummern wird eine besondere Lagerkarte geführt, der die Lagerkladde nur für Ausgänge als Hülfsbuch dient; im letzteren werden die monatlichen Abschlüsse gemacht. Diese werden auf die Lagerkonten übertragen. Die Abforderung der Materialien erfolgt auf vorgedruckten Zetteln in doppelter Ausfertigung. Zum Unterschied für die einzelnen Werkabteilungen sind verschiedene Farben gewählt. Für Metalle und Stahl werden besondere Zettel ausgestellt. Die Werkmeister sind angewiesen, auf ihnen die genauen Abmessungen zu vermerken, damit von den Lagern nicht zuviel Material verabfolgt wird. Die fertigen Metallfabrikate sowie Späne und etwaige Reste kommen zur Prüfung an das betreffende Lager zurück. Die Abforderungszettel werden von den Lagerbeamten laufend mittels Stempels numeriert und in ein Prüfbuch eingetragen. Die Originale gehen täglich an die Lagerbuchhaltungen und nach Eintragung von dort zur Nachrechnung. Die Durchschlagzettel werden von der Ausgabestelle zur Prüfung an das Betriebsbureau übersandt. Die in den Werkstätten übrig gebliebenen und die von Aufstellungsplätzen zurückgekommenen Materialien gelangen laut besonderer Zettel zur Rückbuchung an die betreffenden Lager zurück.

Magazin, Lager- und Rechnungsabteilung, Handelsartikel und Rücksendungen.

Für die Berechnung fertiger Lagerwaren ist eine besondere Rechnungsabteilung eingerichtet, welche für die Waren sofort nach Versand die Rechnungen ausstellt. Diese Rechnungen dienen gleichzeitig auch als Versandanzeigen. Die Vordrucke sind dreiteilig und umfassen die eigentliche Rechnung, Abschnitte für die Buchhaltung und Kalkulation und Prüfzettel für die Rechnungsabteilung. Die Rechnungen sind in Buchform gebunden und mit den laufenden Bestellungen versehen, so daß jede Nummer erst berechnet werden muß, ehe das Buch erledigt ist. Für Instandsetzungsarbeiten, welche von Kunden eingehen, und auch für Rücksendungen besteht ein besonderes Rückbuch. Zur Benachrichtigung der betreffenden Abteilung dienen die Zettel dieses Rückbuches.

Versand und Bahnabrechnung.

Die Verladungen werden auf Grund von Meisterbeschreibungen, Aufgabezetteln und Versandzetteln vorgenommen. Die jeweilige Fertigstellung wird der Versandabteilung von den einzelnen Betriebsabteilungen aufgegeben. Die Verladungen werden in das Ausgangsbuch eingetragen und dem Empfänger durch Versandanzeigen mitgeteilt. Diese Anzeigen werden in mehrfachen Exemplaren ausgefertigt, und zwar für den Besteller, Spediteur, Bauleiter u. a. m., dann für die Akten, sowie auch für die Versandakten; sie dienen auch gleichzeitig als Grundlage für die Berechnung. Für die Stadtkunden erfolgt die Anlieferung mittels besonderer Lieferscheine. Die Scheine werden mittels Durchschrift in dreifacher Ausführung hergestellt, und zwar: a) ein Lieferschein für Empfänger, b) Empfangsbestätigung und c) Prüfzettel für die Versandabteilung. Die Fracht wird am Schlusse eines jeden Monats über Konto verrechnet. Hierzu dienen die Frachteneingangs- und -ausgangsbücher als Grundlage.

Als außerordentlicher Vorteil hat sich bei uns erwiesen, daß wir zum Verladen ehemalige bewährte Richtmeister genommen haben, die alle Teile unserer Fabrikation kennen. Sie haben, wie ich hier vorwegnehmen muß, an Hand der Meisterbeschreibungen dafür zu sorgen — und das ist ihre Hauptaufgabe —, daß die Verladung so erfolgt, daß diejenigen Teile, welche man zuerst am Aufstellungsplatz nötig hat, auch tatsächlich zuerst verladen werden. Da sie die Meisterbeschreibung zur gleichen Zeit erhalten, zu welcher die Bearbeitung in der Werkstätte beginnt, so haben sie Zeit genug, sich ihre Pläne so zurecht zu legen, daß sie auch ihrerseits von den Meistern der einzelnen Werkstätten diejenigen Teile rechtzeitig zuerst abfordern, die am ehesten gebraucht werden. Wenn der Richtmeister z. B. einen Hochbehälter aufzustellen hat, so nützt es ihm nichts, wenn er erst sämtliche Bleche für den Behälter und dann das Unterstützungsgerüst bekommt. Seitdem wir erfahrene Richtmeister als Verlademeister angestellt haben, wird der Versand richtig und ruhig abgewickelt. Diese Verlademeister nehmen an den wöchentlichen Besprechungen im Betriebsbureau mit teil und haben ihrerseits rechtzeitig auf dasjenige Material aufmerksam zu machen, das sie zum Verladen im Interesse der pünktlichen Fertigstellung einer Anlage zuerst gebrauchen. Sie haben auch an Hand der Meisterbeschreibung die Verantwortung dafür, daß jedes zur Anlage gehörige Stück tatsächlich verladen wird und verladen ist. Das Mehr, das wir für diesen Verlademeister ausgeben, macht sich vielfach bezahlt. Gerade durch dieses richtige Verladen haben wir eine außerordentliche Ruhe in unsere Aufstellungsarbeiten hineingebracht, unsere Richtmeister brauchen nicht unnötig zu warten, vermeiden Entlassung von Arbeitern auf der Baustelle und stellen in erster Linie unsere Kunden zufrieden.

Inventur.

Die Inventur erfolgt jährlich in der Zeit zwischen Weihnachten und Neujahr. Sämtliche in den Werkstätten und sonstigen Lagerstellen befindlichen Materialien, angefangene Arbeiten, Werkzeuge sowie Werkbänke, Schraubstöcke und Werkzeugkasten der einzelnen Arbeiter werden aufgenommen. Alle aufgenommenen Teile werden sichtbar angekreuzt. Wir teilen die Arbeiter in bestimmte Gruppen und weisen diesen Gruppen ganz bestimmte Werkstätten oder Arbeitsgebiete zu. Zu diesen Gebieten gehören alle in der Abteilung befindlichen Materialien und Werkzeuge. Sie werden getrennt eingetragen, und zwar die Materialien und angefangenen Arbeiten mit Bestellnummern in Inventurhefte mit grünen Deckeln, die Werkzeuge in solche mit blauen Deckeln. Lagermaterialien und Erzeugnisse ohne Bestellnummern werden in Hefte mit roten Deckeln eingetragen. Alle übrig gebliebenen Materialien werden in die Lager zurückgeliefert. Ein jeder Gruppe zugewiesener Beamter nimmt die Eintragungen vor, die Meister hingegen, welche diesen Gruppen zugeteilt sind, sind dafür verantwortlich, daß sämtliche Teile aufgenommen werden. Die Aufnahme der Werkzeuge erfolgt nach besonderen Vordrucken, die auszufüllen sind.

Für die Richtigkeit haften die damit Beauftragten, welche die Hefte mit Namensunterschrift zu versehen haben. Die Aufnahmehefte werden vom Magazin ausgegeben und sind ausgefüllt bei Abschluß der Inventur dorthin wieder abzuliefern.

Damit bei der endgültigen Zusammenstellung auf Grund dieser Hefte eine schnelle Ordnung stattfinden kann, unterscheiden wir bei der Aufnahme folgende Gruppen:
1. Halbfabrikate und Rohmaterialien für bestimmte Bestellnummern,
2. Magazin-Materialien und Rohmaterialien, die nicht für bestimmte Bestellnummern aufgegeben sind,
3. Werkzeuge und Zubehör (Utensilien),
4. Betriebsmaschinen, Triebwerkteile usw.,
5. Werkzeugmaschinen,
6. Fuhrwerk (Wagen, Pferde, Kraftwagen und Zubehör),
7. Mobilien.

Jeder Beamte, der eine Gruppe leitet, bekommt ein gedrucktes Büchelchen, in dem sämtliche die Inventur betreffenden Abteilungen enthalten sind. In diesem Buche sind alle Einzelheiten so klar angegeben, daß die Spalten ohne weiteres sachgemäß ausgefüllt werden können.

III. Rein technische Organisation.

Jeder technische Beamte erhält beim Eintritt eine gedruckte Geschäftsordnung gegen Quittung. Aus ihr kann er ohne weitere Rückfrage alles das ersehen, was auf die Erledigung der Arbeiten und auf seine sonstigen Rechte und Pflichten Bezug hat. Die Geschäftsordnung und der Anstellungsvertrag enthalten u. a. die Bestimmungen über die Art der Tätigkeit, die Geschäftzeit, Verhalten bei Krankheit, Bestimmungen über die Verwertung von Erfindungen, Gehaltzahlungen, Kündigung, Verrechnung von Reiseauslagen, Zahlung der Beiträge für die staatlichen Versicherungen und der Beiträge für die Beamten-Pensionskasse der Bamag. Sie enthalten ferner Bestimmungen über Urlaub, rechtzeitige Meldung von militärischen Übungen usw. Durch diese Geschäftsordnung wird erreicht, daß keiner der technischen Beamten einwenden kann, er habe nicht gewußt, wie dies oder jenes bei uns gehandhabt wird. Je größer die Anzahl der Beamten wird, umso weniger ist es möglich, daß die Abteilungsvorsteher sie einzeln über ihre Rechte und Pflichten belehren; umso nötiger erweisen sich genaue Vorschriften, damit alles im Sinne des Vorstandes durchgeführt wird.

Die Geschäftsordnung enthält weiter genaue Vorschriften über die Ausarbeitung von Zeichnungen, über die auf den Zeichnungen zu machenden Angaben, über zugehörige Zeichnungen, Stücklisten, über das Verhalten bei der Leitung von Aufstellungsarbeiten, über die Erledigung des Briefwechsels und über die Materialbestellungen. Für all diese Vorkommnisse sind in die Geschäftsordnung die entsprechenden Vordrucke eingeklebt, damit der neu eintretende Beamte von vornherein unsere Arbeitsweise genau erfaßt.

Die Einstellung von technischen Beamten erfolgt auf Bericht und Vorschlag der Abteilungsvorsteher durch das zuständige Vorstandsmitglied. Mit welchen Arbeiten die Beamten beschäftigt werden, ist vollkommen den Abteilungsvorstehern überlassen, soweit nicht besondere Interessen hier mitsprechen, die ein Eingreifen der Vorstandsmitglieder notwendig machen.

Da unsere sämtlichen Abteilungen größeren Umfang haben, ist eine Unterteilung in Gruppen von 5 bis 8 Herren erfolgt. Jede dieser Abteilungen ist einem Gruppenführer unterstellt. Die ganze Abteilung untersteht einem Oberingenieur, dem ein Stellvertreter beigegeben ist. Zur Entlastung der Vorstandsmitglieder sind sämtliche Oberingenieure, soweit sie nicht Prokura haben, für ihre Abteilung zum Unterzeichnen der Briefe bevollmächtigt. In der Geschäftsordnung für Prokuristen und Oberingenieure ist genau geordnet, welche Briefe der Unterschrift zweier Prokuristen oder eines Vorstandsmitgliedes bedürfen.

Für die Erledigung des Briefwechsels dient als erster Grundsatz, daß alle Briefe möglichst postwendend beantwortet werden. Sind zur Erledigung des Briefes Zeichnungen oder irgendwelche Vorarbeiten erforderlich, so ist der Brief umgehend zu bestätigen und der voraussichtliche Tag der Erledigung anzugeben. Werden Bestellungen auf Ersatzteile oder sonstige Bestellungen gemacht, so ist, um später Mißverständnisse bei der Rechnungslegung zu vermeiden, bei der Bestätigung der Preis einzufügen.

In einer Reihe unserer Abteilungen sind die Gruppen derart eingeteilt, daß eine Gruppe die einlaufenden Anfragen erledigt, die Entwürfe und Kostenanschläge ausarbeitet. Zu diesem Zwecke stehen die betreffenden Beamten in Fühlung mit der Vorkalkulation und der Nachkalkulation.

Wird eine Anlage bestellt, so erfolgt die Bearbeitung durch Gruppe 2, welche die ganze Anlage bearbeitet. An Hand des Auftragschreibens oder des Vertrages oder des Angebotes wird der Umfang der Lieferung genau festgestellt. Es ist Pflicht dieser Gruppe, sofort nach Eingang des Auftrages festzustellen, welche Unterlagen für die Bearbeitung erforderlich sind, welche Unterlagen schon vorhanden sind und welche noch zu beschaffen sind. Die notwendigen Schritte zur Beschaffung fehlender Unterlagen haben umgehend zu erfolgen. Die Gruppe 2 arbeitet die Anlage soweit durch, daß die einzelnen Arbeiten an die andern Gruppen weitergegeben werden können. Durch diese Unterteilung prüfen sich erstens die Gruppen gegenseitig, und zweitens werden die Arbeiten beschleunigt, da eine Gruppe von der andern abhängig und auf die Angaben der einen oder andern angewiesen ist.

Es würde zu weit führen, alle die einzelnen Vorschriften der Geschäftsordnung hier aufzuführen. Es seien nur einige wesentliche Vorschriften hervorgehoben, zunächst die sogenannten Meisterbeschreibungen. Aus ihnen geht der Umfang der Bestellung hervor. Das für die Werkstatt Notwendige muß darin vermerkt sein, so daß diese imstande ist, danach zu arbeiten. In der Meisterbeschreibung ist auseinandergehalten, was vom Besteller und was von uns auszuführen ist, was auf dem Bauplatz vom Auftraggeber zu erstellen ist, wie z. B. Beleuchtung, Heizung, das notwendige Öl zur Inbetriebsetzung usw.

Es sind ferner alle Angaben darin enthalten über Entladung, Aufstellung, Fundamente, ferner darüber, welche Gegenstände von andern Firmen geliefert werden, ob sie nach der Fabrik, ob nach dem Bestellungsort abzurufen sind oder ob sie unterwegs aufgeladen werden. Von diesen Meisterbeschreibungen werden 7 Abzüge gemacht, welche für die betreffenden Abteilungen, für das Betriebsbureau, für die einzelnen Werkstätten, für die Versandabteilung und für die Aufstellungsabteilung bestimmt sind. Mit dieser Meisterbeschreibung zusammen werden für die Betriebsabteilung die Zusammenstellungszeichnungen der Anlage herausgegeben, damit hier der Umfang der Lieferung festgestellt wird und die Anordnungen rechtzeitig und richtig getroffen werden können. Eine weitere wichtige Vorschrift sind die sogenannten Schlußberichte, die unsere Ingenieure und Richtmeister von ihren Aufstellungen zu geben haben. In diesen Schlußberichten sind unter Hinweis auf die Zeichnungen alle Änderungen aufzuführen, welche sich nachträglich bei den Aufstellungsarbeiten oder bei der Inbetriebsetzung ergeben haben. Es ist auch kurz anzugeben, wie sich die Anlieferung des Materiales vollzogen hat, ob durch unrichtige Anlieferung oder durch sonstige Vorkommnisse, wie anhaltenden Regen, Schneefall, strenge Kälte usw., der Bau aufgehalten ist. Es ist ferner anzugeben, ob das Material Nacharbeiten erfordert hat, und welche Zeit hierauf verwendet ist. Weiter sind Vorschläge für spätere Ausführungen zu machen, die durch Skizzen veranschaulicht und begründet werden. Aus den Schlußberichten muß auch hervorgehen, ob wir berechtigt sind, Mehrarbeiten in Anrechnung zu bringen, oder ob uns ohne unser Verschulden durch längeren Aufenthalt von Richtmeistern oder Ingenieuren Kosten entstanden sind, die wir berechnen dürfen. Diese Schlußberichte sind der zuständigen Abteilung zuzustellen, damit sich die gleichen Fehler nicht mehr wiederholen.

Eine weitere wichtige Vorschrift der Geschäftsordnung betrifft die Regelung von Normalien. In den technischen Abteilungen sind verschiedene Listen über Normalkonstruktionen ausgehängt, welche für die betreffende Abteilung in Frage kommen. Bei der Ausarbeitung von Zeichnungen besteht die Vorschrift, daß diese Normalien unbedingt zu benutzen sind. Sie sind von einer besonderen Abteilung unter Zuziehung der Betriebsabteilung ausgearbeitet und stellen im Grunde die Erfahrungen dar, die im Laufe vieler Jahre gewonnen sind. Bei neuen Konstruktionen muß unbedingt das Betriebsbureau hinzugezogen werden, um gleich die richtigen Vorschläge für die Bearbeitung zu machen, namentlich dann, wenn es sich um Gegenstände handelt, die auf Massenherstellung zugeschnitten sind.

Durch diese Geschäftsordnung wird wiederum erreicht, daß das Verhalten der Beamten innerhalb und außerhalb der Fabrik in dem Sinne geregelt wird, in welchem der Vorstand dies wünscht. Für die richtige Erfüllung der Vorschriften sind die einzelnen Abteilungsvorstände verantwortlich. Der Vorstand greift erst dann ein, wenn aus den Briefauszügen Klagen unserer Kunden oder sonstige Mitteilungen einen Verstoß gegen die Vorschriften erkennen lassen.

Jeder Abteilungsvorsteher unserer verschiedenen Abteilungen führt eine Kartei über Anfragen, die seiner Abteilung überwiesen sind. Aus dieser Kartei geht hervor, wann die Anfrage eingelaufen ist und wann das Angebot herausgehen muß. Sind bei den Anfragen bestimmte Zeiten nicht angegeben, so werden solche hierfür angenommen. Man erkennt an der Reiterstellung in der Kartei sofort, welche Arbeiten am eiligsten sind und welche Termine näher rücken; man kann dann sofort das Notwendige veranlassen.

Hand in Hand mit dieser Kartei gehen dann noch die Anfragenkartei und die Angebotkartei für sämtliche Abteilungen, welche von dem Beamten geführt werden, der die Verbandsachen unter sich hat. Die letztgenannte Kartei wird laufend durch die technischen Vorstandsmitglieder geprüft.

Zu dem rein technischen Betriebe gehört auch die Ordnung und Ausgabe der Zeichnungen und Lichtpausen. Die Zeichnungen müssen so geordnet sein, daß sie schnell und sicher gegen Quittung ausgehändigt werden können, so daß sich die zuständigen Beamten zur Vermeidung der Anfertigung unnützer Zeichnungen oder gar der Wiederholung von Zeichnungen innerhalb weniger Sekunden darüber unterrichten können, ob ähnliche oder gleiche Zeichnungen vorhanden sind. Zu diesem Zweck untersteht die Ausgabe der Zeichnungen bestimmten Beamten, welche an Hand einer sorgsam geführten Kartei jede gewünschte Auskunft geben können. Jede neue Zeichnung wird in ein Buch eingetragen; wir nennen dieses Buch „Taufregister". Darin sind vermerkt: die fortlaufenden Zeichnungsnummern, Blattgröße, Datum der Fertigstellung, Bezeichnung, Maßstab, Bestellfirma, Aufstellungsort, Bestellnummer, Hinweis auf Unterkartei-Nummern und sonstige Bemerkungen. Aus diesem Taufregister wird der Inhalt der Zeichnungen auf besondere Karten der Kartei übertragen. Die Zeichnungen werden dreimal gebucht, und zwar

1. unter alphabetischem Ortsverzeichnis,
2. unter einem alphabetischen Kundenverzeichnis,
3. nach dem Gegenstande.

Die verschiedenen Ausführungsgruppen sind durch Leit- und Führkarten nochmals unterteilt.

Die Zeichnungen sind in besonderen, nach bestimmten Größen angefertigten Schränken nach Entwurf- und Ausführungszeichnungen getrennt geordnet. Sie werden in einem feuersicheren Raum aufbewahrt. Ein Buch, das sämtliche Zeichnungen mit Wertangabe für die Versicherung enthält, wird in einem besonderen feuersicheren Raum, getrennt von jenem, aufbewahrt, damit bei Vernichtung der Zeichnungen durch Feuer ihr Wert jeweils einwandfrei festgestellt werden kann.

Im Zusammenhang mit der Verwaltung der Zeichnungen steht die Lichtpausanstalt. Lichtpausen dürfen nur von den betreffenden Beamten angefertigt werden, wenn die vorgeschriebenen Vordrucke ausgefüllt und von den zuständigen Abteilungsvorstehern gegengezeichnet sind.

Um eine schnelle Zustellung und Ablegung von Zeichnungen und Akten zu bewirken, läuft durch das Verwaltungsgebäude vom untersten bis zum obersten Stockwerk ein Paternoster-Aktenaufzug, der von allen Stellen bequem zu erreichen ist; in ihn werden von den Laufburschen die Vordrucke für die Zeichnungen und Akten, für die einzelnen Abteilungen durch bestimmte Farben kenntlich, geworfen. Das Gewünschte wird dann alsbald durch die Aktenverwaltung oder Zeichnungsausgabe eingestellt und an der betreffenden Stelle wieder dem Paternosterwerk entnommen.

Unsere Bibliothek sowie alle Bildstöcke und Druckstöcke sind ebenfalls mittels einer Kartei übersichtlich geordnet.

IV.
Werkstätten-Organisation, Lohn- und Akkordwesen.

Arbeitereinstellung. Sobald ein Arbeiter eingestellt wird, füllt der Meister einen Schein nach Vordruck aus. Die Einstellung wird von dem Betriebsleiter durch Unterschrift genehmigt. Mit diesem Scheine geht der Arbeiter dann nach dem Lohnbureau, wo die Daten genau in die Stammrolle eingetragen werden. Ist der Arbeiter minderjährig, so hat er sein Arbeitsbuch abzuliefern. Allen neu eingestellten Arbeitern wird eine Arbeitsordnung ausgehändigt, deren Empfang sie in einem besonderen Buch mit eingehefteter Arbeitsordnung zu bescheinigen haben. Der Einstellzettel wandert alsdann zum Pförtner, damit dieser über den Vorgang unterrichtet ist und sich die Markennummer vermerkt. Nach Gegenzeichnung des Pförtners wird der Zettel dem Lohnbureau zur Aufbewahrung übergeben. Dieser Zettel zusammen mit der Stammrollenkarte und dem Entlassungsschein dient als Unterlage, sobald ein Arbeiter zum zweiten Mal eingestellt wird. Der Arbeiter kann ohne Kündigung gemäß Arbeitsordnung jederzeit abgehen oder entlassen werden.

Arbeiterentlassung. Wird ein Arbeiter aus irgendeinem Grunde entlassen, so füllt der Meister einen Schein aus. Der Arbeiter geht mit diesem Scheine nach der Werkzeugverwaltung und liefert das empfangene Werkzeug ab. Das ihm übergebene Werkzeug ist in einer Kartei und in einem Buch, welches der Arbeiter erhält, eingetragen. Nachdem das Werkzeug abgeliefert und durch Unterschrift des Werkzeugverwalters die Richtigkeit der Ablieferung bestätigt worden ist, unterzeichnet der Betriebsleiter den Schein. Alsdann begibt sich der Arbeiter mit dem Scheine nach dem Lohnbureau. Auf der Rückseite des Scheines wird die Verrechnung für den Restlohn vorgenommen und der Empfang des Geldes vom Arbeiter bescheinigt. Das Arbeitsbuch, die Invalidenkarte und der Entlassungsschein werden ausgehändigt und der Name des Arbeiters in der Stammrolle gelöscht. Die Stammrolle besteht aus einer Kartei.

Lohnverrechnung. Bei seiner Einstellung erhält der Arbeiter eine Uhrkarte zum Stempeln der Zeit beim Eingang in die Fabrik und beim Ausgang aus der Fabrik und eine Stundenkarte ausgehändigt, welche Kontrollnummer, Namen und Stand des Arbeiters, sowie einen Vermerk der betreffenden Lohnwoche auf der Vorderseite enthält. Die Innenseite ist von dem Arbeiter nach Vordruck über die geleisteten Arbeiten auszufüllen. Die Karte wird jeden Abend nach Arbeitsschluß von dem Arbeiter vervollständigt und in besonders hierfür in den Werkstätten aushängenden Kasten mit Fächern eingeordnet. Die Fächer tragen die Markennummer des betreffenden Arbeiters. Morgens zwischen 7 und 9 Uhr nimmt der Meister diese Karten heraus, prüft die von dem Arbeiter gemachten Angaben und bestätigt die Richtigkeit durch Unterschrift. Um $9^1/_2$ Uhr wandern sie nach dem Lohnbureau und werden hier in das Lohnbuch übertragen. Von dort gelangen sie nachmittags um 4 Uhr wieder zurück an die Werkstattabteilungen.

Akkordwesen. Von den technischen Bureaus gelangen die Zeichnungen in das Betriebsbureau. Hier werden von besonderen Beamten die einzelnen Preise für Hobeln, Bohren, Schmieden, Fräsen usw. festgesetzt und Akkordzettel ausgeschrieben. Die Akkordzettel haben je nach der Abteilung eine besondere Farbe: rot, grün, blau, gelb usw. Die ermittelten Preise werden eingetragen. Für kleinere Akkorde, welche von vornherein nicht vorgesehen waren, schreibt der Meister einen sogenannten Auftragzettel, der in den Farben der betreffenden Abteilung gehalten ist. Der Akkordzettel gelangt von dem Betriebsbureau an die Meister, welche sie an die Arbeiter weitergeben, die mit der Anfertigung der Teile beauftragt werden sollen. Der Arbeiter hat, sobald er mit dem Akkord einverstanden ist, die Übernahme durch Unterschrift anzuerkennen. Wenn es sich um Kolonnenarbeiten handelt, müssen sich die Helfer ebenfalls mit dem Akkordpreis einverstanden erklären. Während der Arbeit hat der Akkordübernehmer für sich und die einzelnen Helfer auf der Rückseite des Akkordzettels die einzelnen Arbeitstunden genau aufzuschreiben. Nach Fertigstellung des Arbeitsvorganges gelangt der Zettel wieder an den Meister zurück, der die Fertigstellung bestätigt und den Zettel an das Betriebsbureau zur Prüfung weiter gibt. Das Betriebsbureau gibt nach Prüfung die Zettel zur Verrechnung an das Lohnbureau, das alsdann die etwaigen Überschüsse ausrechnet, auf den Zetteln einträgt und im Lohnbuch die Abrechnung vornimmt. Zu bemerken ist hier noch, daß jeder Zettel doppelt ausgeschrieben wird. Der Durchschlag geht sofort an das Lohnbureau, wo die Namen der Arbeiter und die Stunden aus den Tageskarten auf die Rückseite eingetragen werden. Sobald nun der in der Werkstatt befindliche Schein an das Lohnbureau gelangt, werden die beiden Scheine, welche die gleiche Bestell- und Akkordnummer tragen, verglichen, ob sich die Angaben miteinander decken. Dadurch ist uns eine wirksame Prüfung über die Arbeiten möglich.

Es ist selbstverständlich, daß die Akkorde einer dauernden Prüfung unterzogen werden. Infolgedessen arbeiten die Beamten, welche die Akkorde aufstellen, Hand in Hand mit dem Meister derjenigen Werkstatt, für die sie die Akkorde ausarbeiten. Werden neue Maschinen angeschafft, so werden die alten Akkorde unter Berücksichtigung der Mehrleistung durch diese Maschinen verändert. Hierbei wird streng darauf geachtet, daß unter voller Einsetzung von Arbeiter und Maschine das Mindesteinkommen des betreffenden Arbeiters nicht niedriger ist als vorher; nur die Leistung muß erhöht werden.

Die Einrichtung einer Zentralstelle zwischen der technischen Verwaltung und der Werkstatt in Form des Betriebsbureaus ist für moderne Betriebe eine unbedingte Notwendigkeit. Grundbedingung für das wirtschaftliche Arbeiten dieses Betriebsbureaus ist besonders die Aufstellung und dauernde Nachprüfung von Akkorden. Es muß unausgesetzt eine Prüfung stattfinden, ob die Akkorde bei den gleichen Arbeiten nicht wesentliche Unterschiede aufweisen. Durch diese ständige Prüfung wird ein altes Übel beseitigt, welches vielen deutschen Werkstätten anhaftete und noch heute zum Teil anhaftet, nämlich die sogenannte Meisterwirtschaft. Meisterwirtschaft heißt auf deutsch: Festhalten an dem Althergebrachten, möglichst große Bequemlichkeit, passiver

Widerstand gegen alle Neuerungen, Nie-Zeithaben und Günstlingswirtschaft. Wer von den Fabrikanten, die sich bemüht haben, Neuerungen einzuführen, und die gezwungen waren, zuerst mit alten, jahrzehntelang angestellten Meistern zu arbeiten, hat nicht hundertfach gehört: „Es ist doch so lange gut bei uns gegangen, was brauchen wir zu ändern?" Wer von den Fabrikleitern hat nicht von seinen Arbeitern wiederholt Klage gehört, daß der eine oder der andere Arbeiter von den Meistern bevorzugt werde, daß Vertuschen von in den Werkstätten gemachten Fehlern und Versehen, die erst an den Aufstellungsplätzen bemerkt werden, von den Meistern gewünscht und verlangt werde! Das Betriebsbureau in Verbindung mit dem Akkordwesen, die Aufstellung der Akkorde durch unbeteiligte Beamte steuern diesem Unwesen am zweckmäßigsten, namentlich wenn auch die außerhalb beschäftigten Richtmeister ihre Berichte an eine besondere Abteilung zu leiten haben, die wiederum Fühlung mit dem Betriebsbureau hat.

Alle Zeichnungen und Stücklisten, sowie Bestellscheine für Normalien, die in das Betriebsbureau gelangen, werden in ein besonderes Buch eingetragen und laut Vordruck mit Fertigstellungsterminen für die einzelnen Werkstätten versehen; diese Termine werden ebenfalls in das Zeichnungsbuch eingetragen. Für eilige Arbeiten sind besondere rote Zettel, sogenannte Eilzettel, vorgesehen. Diese werden vom technischen Bureau ausgeschrieben, und zwar für Arbeiten, deren Erledigung noch am selben Tage eingeleitet werden soll.

Falls vom technischen Bureau Änderungen vorgenommen werden müssen, wird die betreffende Zeichnung mittels Zettels von dem Betriebsbureau zurückverlangt. Der Zettel bleibt solange als Quittung in den Händen des betreffenden Meisters, bis dieser die geänderte Zeichnung zurückerhält. Den Empfang der Zeichnung muß das technische Bureau in einem besonderen Buch bescheinigen.

Die Akkorde für normale Teile, welche immer in derselben Ausführung wiederkehren, sind in einer besonderen Kartei aufgeführt, in der alle Preise für Hobeln, Drehen, Schmieden, Fräsen usw. aufgezeichnet sind. Nach dieser Kartei werden alsdann die nötigen Akkordzettel ausgeschrieben.

Alle Teile, die auf Vorrat hergestellt werden, haben eine Vorratkarte, in welche alle Daten und Termine eingetragen sind, so daß sofort zu erkennen ist, ob von den betreffenden Teilen noch einige auf Lager sind, oder ob sie neu aufgegeben werden müssen. Die verbrauchten Teile werden unter Ausgang gebucht. Durch diese Kartei kann auch gleichzeitig der Jahresbedarf festgestellt werden. Für Instandsetzungen, die in der Werkstatt an Maschinen usw. ausgeführt werden sollen, muß der Meister einen Zettel ausfüllen, der zur Genehmigung der Ausführung dem Betriebsleiter vorgelegt werden muß.

Wird mit Überzeit gearbeitet, so hat der Abteilungsmeister einen Schein auszufüllen und an den Torwart abzuliefern. Der Torwart füllt alsdann auf Grund dieser Scheine einen Prüfbericht aus. Der Prüfbericht mit den Überzeitzetteln gelangt morgens früh um 8 Uhr an den Betriebsleiter, der von den Eintragungen Kenntnis nimmt. Durch diese Einrichtung wird erreicht, daß kein Arbeiter unnütz Überstunden machen kann.

Stellt sich an irgend einem Teile während der Bearbeitung ein Fehler heraus, so daß Nacharbeiten erforderlich sind oder das Stück verworfen werden muß, so hat der betreffende Meister einen Ersatzzettel auszuschreiben, und zwar doppelt. Beide Zettel tragen dieselbe Blattnummer. Der eine Zettel geht zur Kenntnisnahme an das Betriebsbureau, der andere nach Eintragung des bereits aufgewendeten Lohnes an die Nachkalkulation, damit sie ohne weiteres den mehr aufgewendeten Lohn für die betreffende Bestellnummer besonders verbuchen kann. Der erste Schein geht wieder an den Meister zurück, falls er ein Ersatzstück liefern muß. Wenn es sich um Gußstücke oder falsche Lieferungen handelt, wird durch den Schein dem Magazin Nachricht gegeben, damit von dort das Ausschußstück zurückgesandt und Ersatz beschafft werden kann.

Im Betriebsbureau ist eine Kartei für sämtliche Bestellnummern eingerichtet. Auf die Karten werden aus den Durchschlägen des Bestellbuches geschnittene Streifen mit den einzelnen Bestellungen geklebt. Unten in den Spalten werden Angaben gemacht über die Tage, an denen die Zeichnungen in die Werkstatt gegangen sind, wann das Material eingetroffen ist, es werden ferner die einzelnen Zeiten für die Fertigstellung in den betreffenden Werkstätten eingetragen. Schließlich wird noch der Versandtermin vermerkt. Diese Karten sind mit Reitern versehen. Sie werden täglich von einem Prüfbeamten durchgesehen, und es werden, falls Lieferzeiten fällig sind, die betreffenden Werkstätten gemahnt.

Im Betriebsbureau ist ein Techniker angestellt, der lange Zeit in der Fabrik gearbeitet und selbständige Aufstellungsarbeiten außerhalb der Fabrik ausgeführt hat, so daß er mit allen Arbeiten Bescheid weiß. Er hat den Auftrag, sämtliche Bestellungen der technischen Bureaus, ehe sie herausgegeben werden, daraufhin zu untersuchen, ob und inwieweit Vorräte benutzt werden können. Diese Einrichtung hat sich ausgezeichnet bewährt, da wir auf diese Weise im Laufe der Jahre unsere Vorratteile, die von einzelnen Arbeiten übrig geblieben waren, oder welche von Aufstellungsplätzen zurückgeschickt wurden, verwenden konnten. Die Arbeit dieses Mannes hat sich vielfach bezahlt gemacht.

Jede Maschine in der Werkstatt hat ihre Nummer und ihre Karte. Auf diesen Karten wird regelmäßig von dem bedienenden Arbeiter vermerkt, wie lange die Maschine jeden Tag im Betrieb war, wann sie ausgebessert worden ist, wie lange die Ausbesserung gedauert hat usw. Diese Karten werden von den Meistern gegengeprüft. Auf diese Weise ist es leicht, bei dem Unkostenzuschlag, der auf die Werkstätten kommt, unter Zuhülfenahme des Buchwertes der Maschine richtig zu ermitteln, welchen Anteil jede Maschine an den Unkosten der betreffenden Werkstatt hat. Es läßt sich hierdurch auch unschwer ermitteln, welche Maschinen am wenigsten ausgenutzt und deshalb besser durch neue ersetzt werden.

In unsern sämtlichen Werkstätten haben wir Fragekasten für unsere Arbeiter aufgehängt, in welche sie Vorschläge für Verbesserung von Konstruktionen, Arbeitsverfahren, Betriebseinrichtungen usw. werfen. Diese Vorschläge werden zweimal monatlich von dem Betriebsingenieur gesichtet und die besten Vorschläge dem technischen Vorstandsmitgliede vorgelegt, das dann über die Verteilung der ausgesetzten Preise in Höhe von 25, 15 und 10 M bestimmt. Auf diese Weise haben wir manchen guten Vorschlag von unsern Arbeitern bekommen. Einzelne Vorschläge waren so gut, daß wir darauf Patente nachsuchen konnten und mit den betreffenden Arbeitern Nutzungsverträge abschlossen. Aus diesen Verträgen haben die Betreffenden laufende Einnahmen. Durch diese Einrichtung wird das Interesse der Arbeiter geweckt; namentlich die intelligenten finden dabei ihre Rechnung.

Getrennt von den Bearbeitungswerkstätten ist die Organisation der Modelltischlerei und der Gießerei zu beschreiben. Unser Berliner Werk erhält den Guß von unserer Dessauer Eisengießerei, die auch die Dessauer Werke versorgt, ebenso wie die Eisengießerei in Köln-Bayenthal den Guß für unsere Köln-Bayenthaler Werkstätten liefert. In der Berliner Fabrik befindet sich lediglich eine kleine Hülfs-Modelltischlerei.

1. Modelltischlerei.

Von außerhalb eingesandte Modelle.

Bei den von außerhalb eingesandten Modellen werden die Bestellungen im Gießereibureau mit besonderen Vordrucken eingetragen. Die Tischlerei prüft die Modelle und stellt sie gegebenenfalls nach eingesandten Zeichnungen richtig. Die Modelle werden mit Bestellzetteln beklebt und in die Modellausgabe gebracht. Von dort werden sie von dem Formermeister an die Former zugleich mit dem Akkordzettel abgegeben.

Nach Erledigung in der Gießerei werden die Modelle nebst zugehörigen Kernkasten an den Auftraggeber zurückgesandt oder auf dessen Wunsch in dem Modellschuppen gelagert. Um bei einer Nachbestellung in dem Schuppen lagernde Modelle leicht finden zu können, werden diese in besondere Kartei- und Modellbücher eingetragen und übersichtlich darin geordnet.

Modelle für eigene Aufträge.

Die bei der Gießerei auf besonders vorgedruckten Zetteln eingehenden Bestellungen werden dort gebucht und an die Modelltischlerei weitergegeben. Die Herstellung der Modelle wird im Akkord vergeben. Das für die Anfertigung von Modellen nötige Holz wird dauernd nach Sorten und Abmessungen in ein bestimmtes Buch eingetragen. Hierdurch ist es möglich, den Bestand in den einzelnen Holzarten jederzeit festzustellen und rechtzeitig das Fehlende aufzugeben.

Nach Fertigstellung werden die Modelle mit besonderen Vordrucken versehen und der Modellausgabe überwiesen. Von dort aus werden sie von dem Formermeister unter gleichzeitiger Festsetzung des Akkordes an die Former gegeben.

Nach Erledigung in der Gießerei werden auch diese Modelle in den Modellschuppen gebracht und die Lagerung wie oben beschrieben vermerkt. Jeder Modellschuppen hat eine eigene Nummer. Um bei etwa entstehenden Bränden den Wert der Modelle für die Versicherung nachweisen zu können, ist der für jedes Modell verauslagte Lohn und Holzwert in die Lagerbücher, welche in feuersicheren Schränken aufbewahrt werden, eingetragen. Aus Gründen der Feuersicherheit sind die einzelnen Modellschuppen räumlich getrennt gebaut.

2. Gießerei.

Eingehende Bestellungen werden in das Hauptbestellbuch eingetragen. In dieses Bestellbuch werden alle nötigen Vermerke über Stückzahl, Zeichnungsnummer, Modellnummer, Lieferzeiten, Versand usw. aufgenommen. Die Gußteile werden an die Werkstätten oder an die Versandabteilung verabfolgt. Der Formermeister erhält rechtzeitig bei Eingang der Bestellung Auszüge über den Umfang der Bestellungen und der Lieferungsverpflichtungen. In diese Auszüge sind außer den obigen Angaben alle notwendigen Mitteilungen über Kernkasten, Formerlöhne, Kernmacherlohn, Gewicht, Name des Formers und sonstige Bemerkungen einzutragen. Sämtliche Gußstücke werden bei der Modellausgabe an den Former auf Grund sorgfältiger Verrechnungen im Akkord vergeben. Die Gußstücke werden, wenn es sich um große Stücke handelt, mit Preßwerkzeugen, kleinere Formen mit Sandstrahlgebläsen oder mit der Putztrommel geputzt. Abgeschliffen werden die Gußteile durch Schmirgelschleifmaschinen. Nachdem sie fertig geputzt sind, werden sie den einzelnen Werkstätten gegen Quittung oder der Versandabteilung mit Versandanweisung ausgeliefert.

Zum Formen von Massenwaren werden mit Preßwasser betriebene Formmaschinen angewendet. Die Formen und Kerne werden in Trockenöfen, die teilweise mit Halbgasfeuerung, teilweise mit Gasfeuerung geheizt werden, getrocknet.

Bei Gußstücken mit aufgesetzten Köpfen wird bei der Gußabnahme zunächst das Bruttogewicht des Stückes ermittelt. Der Gußkopf wird abgeschlagen oder in den mechanischen Werkstätten abgetrennt, das Gewicht des abgetrennten Teiles ermittelt und vom Bruttogewicht in Abzug gebracht. Das Bruttogewicht des betreffenden Stückes wird als Grundlage für die Berechnung des Formerlohnes benutzt.

Der Guß wird regelmäßig auf seine Beschaffenheit geprüft, indem Normalstäbe aus den einzelnen Gießpfannen abgegossen werden. Sie werden dann auf besonderen Prüfmaschinen durch Zerreißen auf Festigkeit, Dichtigkeit usw. geprüft. Daß auch strenge Aufsicht über die Gießzeiten, über die Gußmengen, über die Herbeischaffung der zum Guß zu verwendenden verschiedenen Eisensorten herrscht, braucht nicht erst gesagt zu werden. Es würde zu weit führen, all die Einzelheiten hier zu beschreiben. Es genügt, diesen kurzen Abriß über Modelltischlerei und Gießerei zu geben, um zu zeigen, wie sie sich in das Ganze einordnen.

Wir kommen nun wiederum auf die weitere Beschreibung der unsere sämtlichen Fabriken umfassenden Gesamtorganisation zurück.

Jeder Arbeiter erhält ein Werkzeugbuch, in dem alle empfangenen Werkzeuge aufgezählt sind. Die Gegenprüfung hierzu wird in der Werkzeugmacherei geführt. Ferner erhält er 10 Werkzeugmarken mit entsprechender Prüfnummer und dem Firmenstempel. Diese Marken dienen dazu, um Sonderwerkzeuge und allgemeine Werkzeuge aus dem Werkzeugmagazin gegen Marke zu entnehmen. Jeder Arbeiter ist bei Strafe gehalten, alle auf Marken entnommenen Werkzeuge jeden Sonnabend zur Prüfung an die Werkzeugabgabe zurückzuliefern. Die Strafgelder fallen, wie die übrigen, an die Arbeiterunterstützungskasse. Bei Entlassung der Arbeiter sind die Werkzeuge an Hand des Prüfbuches zurückzugeben. Etwa fehlende Werkzeuge werden von der Lohnsumme abgesetzt. Richtmeister und Arbeiter, welche Aufstellungen in Berlin und Umgegend vorzunehmen haben, müssen, wenn sie die Fabrik verlassen, dem Pförtner einen Erlaubnisschein zum Verlassen der Fabrik vorzeigen.

Jeden Sonnabend Nachmittag werden sämtliche im Gebrauch befindlichen Lastketten nach der Werkzeugausgabe gebracht, um in den nächsten Tagen durchgesehen und gegebenenfalls durchgeprüft zu werden. Beschädigte und nicht ganz einwandfreie Ketten werden gegen brauchbare umgetauscht. Alle Ketten sind mit einer Prüfnummer versehen. Es wird ein genaues Buch über die Prüfungen mit allen Vermerken geführt. Alle größeren Lastketten werden halbjährlich von einer Sonderfirma einer Prüfung unterzogen, worüber eine Bescheinigung ausgestellt wird. Unbrauchbare Ketten werden ausgeschieden und zur weiteren Verwendung völlig unbrauchbar gemacht. Diese Prüfung der Ketten ist im Interesse der Unfallverhütung außerordentlich notwendig.

Die auf den Aufstellungsplätzen nötigen Werkzeuge werden in einer besonderen Abteilung aufbewahrt, geprüft und auch von dieser versandt. Nach den von der Aufstellungsabteilung ausgefüllten Listen wird der Versand bewirkt und der Ausgang der einzelnen Werkzeuge mit Namen des Aufstellungsplatzes und des Richtmeisters in eine besondere Karteikarte eingetragen. Alle Werkzeuge und Hülfswerkzeuge, die von den Aufstellungsplätzen zurückkommen, werden ohne Ausnahme dem Werkzeuglager zur Durchprüfung übergeben und in der Kartei unter Eingang gebucht. Fehlendes Werkzeug wird von den betreffenden Aufstellungsorten sofort eingefordert. Ist es nicht zu beschaffen, so werden dem Richtmeister oder dem Hülfsrichtmeister entsprechende Abzüge gemacht. Alle zurückgelieferten Werkzeuge werden untersucht, wieder aufgearbeitet, gereinigt und, soweit notwendig, gestrichen. Alle Hebezeuge und Ketten werden halbjährlich einer Prüfung auf ihre Sicherheit unterworfen. Bindetaue, Draht- und Hanfseile werden jeden Sonnabend von einem Prüfbeamten einer Sonderfirma auf ihre Brauchbarkeit untersucht, und zwar nicht nur die, welche im eigenen Betriebe verwendet werden, sondern auch die, welche von den Aufstellungsplätzen zurückgeschickt werden. Falls Fehler an den Tauen oder Seilen vorhanden sind, werden diese durch Zerhauen unbrauchbar gemacht.

Da es oft vorkommt, daß Werkzeuge von einem Aufstellungsplatz an den andern weiter gesandt werden, sind sie von dem Richtmeister, welcher die Werkzeuge neu empfängt, sofort nachzuprüfen. Unbrauchbare Werkzeuge sind zurückzuschicken. Die Eintragungen in der Kartei geben den Anhaltpunkt dafür, wann die Werkzeuge im ganzen zurückgefordert werden müssen, um wieder auf ihre Brauchbarkeit geprüft zu werden.

Bei dem Jahresabschluß erhalten Arbeiter, die über 5 Jahre bei uns sind, einen bestimmten Betrag. Dieser Betrag steigt je nach der Dauer der Dienstzeit. Für die Arbeiter haben wir eine Unterstützungskasse eingerichtet. Der bei uns jedes Jahr neu zu wählende Arbeiterrat, welcher aus 5 bis 7 Mitgliedern besteht, macht Vorschläge wegen Unterstützung zweimal im Monat oder im Notfall öfter an das Betriebsbureau, wo sie übergeprüft und dann dem technischen Vorstandsmitglied zur Genehmigung vorgelegt werden. Dadurch, daß der Arbeiterrat diese Vorschläge macht, der aus Leuten der verschiedensten Parteirichtungen besteht, ist die Unparteilichkeit bei der Gewährung der Unterstützungen verbürgt.

Der Arbeiterrat[1]) hat sich als eine segensreiche Einrichtung bei uns bewährt. Wesentlich ist, daß sämtliche Sitzungen des Arbeiterrates in Gegenwart des Betriebsingenieurs und der Meister von dem technischen Vorstandsmitgliede persönlich geleitet werden. Infolgedessen wird der Zusammenhang zwischen Arbeitgeber und Arbeitnehmer gewahrt und nicht nur einer Maßregelung der Arbeiter durch Meister beim Vorbringen der Beschwerden vorgebeugt, sondern es wird auch in ruhiger und sachlicher Weise bei Änderungen in der Fabrik über neue Maßnahmen, über Unterstützungen, über Anstellung oder Entlassung von Arbeitern, über billige Beschaffung von Lebensmitteln durch Einkauf im Großen usw. gesprochen. Durch diese regelmäßigen Sitzungen mit dem Arbeiterrat kommen auch alle Beschwerden der Arbeiter zur Kenntnis des Vorstandes, und es wird so Meinungsverschiedenheiten vorgebeugt. Dadurch, daß diese Sitzungen von den Vorstandsmitgliedern persönlich wahrgenommen werden, konnte es erreicht werden, daß Arbeitseinstellungen bis heute bei unserer Gesellschaft nicht vorgekommen sind.

Durch das oben beschriebene, strenge Akkordwesen wird angestrebt, daß die Herstellung immer mehr verbilligt wird. Durch die einwandfreie Führung einer Lohnstatistik in den einzelnen Werkstätten für die einzelnen bei uns länger in Stellung befindlichen Arbeiter, durch Aufzeichnen entsprechender Kurven wird die Bewegung der Löhne fortdauernd nachgeprüft. Wir konnten in allen Arbeiterratsitzungen, in denen Beschwerden über zu niedrige Löhne vorgebracht wurden, den Nachweis führen, daß die Löhne bei jedem einzelnen unserer Arbeiter, soweit er nicht untauglich war, entsprechend den teuern Zeiten gestiegen sind, und daß gerade durch Einführung des Akkordwesens den tüchtigen und fleißigen Arbeitern Gelegenheit geboten ist, trotz Herabsetzung der Einheitsätze unter Berücksichtigung neuer, schneller arbeitender Maschinen die Gesamteinnahme am Ende der Lohnwoche wesentlich zu erhöhen. Durch diesen Nachweis ist es uns auch fast in jedem einzelnen Falle gelungen, Beschwerden von vornherein die Spitze abzubrechen. Das Zutrauen der Arbeiter zu diesem System ist in dem Maße gewachsen, wie sie gesehen haben, daß berechtigte Beschwerden von den Vorstandsmitgliedern persönlich geprüft und berücksichtigt werden.

Durch Einblick in die bei der Betriebsabteilung befindliche Kartei ist es der Fabrikleitung jederzeit möglich, Auskunft über den Stand der einzelnen Arbeiten zu erhalten. Werden die Arbeiten nicht pünktlich abgeliefert, kommen Beanstandungen des Bestellers an ausgeführten Arbeiten vor und dergl., dann erfährt wiederum der Vorstand durch die Briefauszüge das Notwendige und ist so in der Lage, jederzeit einzugreifen.

---

[1]) Ausführlicheres enthält der Aufsatz des Vaters des Verfassers: Zwanzigjährige Erfahrung mit der Einrichtung eines Arbeiterrates, T. u. W. 1909 S. 496 u. f.

Der Betriebsingenieur unterbreitet dem technischen Vorstandsmitglied in regelmäßigen Zeitabständen seine Vorschläge für Regelung der Arbeitsverfahren, für Änderungen an Maschinen und Beschaffung von neuen Maschinen und macht seine Vorschläge für sonstige auf den Betrieb bezügliche Maßnahmen. Daß alle Eindrücke, welche die technischen Vorstandsmitglieder durch In- und Auslandreisen, durch Besichtigung von andern Werken gewinnen, sogleich weitergegeben werden, ist selbstverständlich. Daß hierzu auch die im Wettbewerbkampf gewonnenen Erfahrungen wesentlich beitragen, ist ebenso natürlich, da man meist durch Unterbietungen gezwungen ist, auf Mittel und Wege zu sinnen, immer billiger herzustellen, ohne die Güte der Waren zu beeinflussen. So gibt die technische Vorstandsleitung dem Betriebe neue Anregung und empfängt selbst solche. Der dauernde Einfluß des Vorstandes bleibt gewahrt.

In engem Zusammenhang mit dem Betriebsbureau steht das Lohnbureau.

Das Lohnbureau arbeitet in Fragen der Entlassung, der Einstellung von Arbeitern und der Lohnverrechnung Hand in Hand mit der Betriebsleitung. Es erübrigt sich nach dem Vorhergehenden, die Einzelheiten hier nochmals aufzuzählen. Es sei nur noch erwähnt, daß dem Arbeiter mit seiner Einstellung die Invalidenkarte abgenommen wird. Sie wird nach den bestehenden Gesetzen wöchentlich mit einer Marke versehen. Der Arbeiter wird in der Fabrikkrankenkasse angemeldet, die im Krankheitsfalle die Behandlung übernimmt und auch Krankenunterstützung zahlt.

Unsere Lohnperiode fängt Donnerstag früh an und endet Mittwoch Abend. Am Donnerstag und Freitag wird dann der Wochenverdienst in den Lohnbureaus, welche in einzelne Abteilungen, wie Tischlerei, Schlosserei, Schmiede, Malerei, Dreherei usw., eingeteilt sind, verrechnet. Sämtliche fertiggestellten Akkorde werden voll ausbezahlt. Nach Fertigstellung der Arbeit gelangen die Akkordzettel, wie erwähnt, aus dem Betriebsbureau in das Lohnbureau. Außerdem erhält das Lohnbureau über die einzelnen Akkordarbeiten Doppelzettel, auf welchen wöchentlich die in diesen Akkorden gearbeiteten Stunden so lange vermerkt werden, bis der Akkord beendet ist und der Akkordzettel zur Verrechnung kommt. Der Akkordüberschuß wird bei Kolonnenarbeit an die Arbeiter im Verhältnis der festgesetzten Lohneinheiten verteilt.

Haben Arbeiter auf einen bestimmten Akkord Schulden gemacht, so werden diese bei andern Akkorden wieder in Abzug gebracht. Die auf der Ein- und Ausgangskarte gestempelten Stunden werden genau berechnet und mit den in der Lohnkarte von dem Arbeiter angegebenen verglichen. Die Zuspätgekommenen und Leute, welche die Zeit auf der Uhrkarte nicht gestempelt haben, werden laut Arbeiterordnung bestraft. Akkordzettel, bei denen die Inhaber zu großen Überschuß erhalten (über 50 vH), und solche, bei denen mit Schulden gearbeitet wurde, werden nach Verrechnung dem Betriebsleiter zur Kenntnisnahme unterbreitet, damit er in beiden Fällen die Akkorde nachprüfen und regeln kann.

Am Freitag wird der Wochenverdienst der einzelnen Arbeiter in die Lohnlisten übertragen, und es werden die Abzüge, wie z. B. Kranken- und Invaliditätsversicherung, Strafen usw. gemacht. Die auf den Lohnlisten vermerkten

Beträge werden von zwei Beamten getrennt zusammengezählt und die Endsumme nach Prüfung der Lohnzusammenstellung bei dem Kassierer gegen Quittung abgehoben. Die einzelnen Summen der Lohnbücher werden vorher von zwei Beamten aus einer anderen Abteilung mit den Lohnlisten verglichen, um etwaige Fehler noch vor der Zahlung richtigstellen zu können.

Für jeden Arbeiter wird eine Lohndüte ausgeschrieben, auf welcher die Anzahl der gearbeiteten Stunden, sowie Lohn und Akkord verzeichnet sind. Nachdem die Kranken- und Invaliditätsbeiträge und sonstigen Abzüge auf dieser aufgeführt worden sind, wird die Endsumme mit der Lohnliste verglichen und das Geld von zwei Beamten eingezählt. Dem Arbeiter wird bei der Löhnung der Inhalt der Lohndüte in Gegenwart des Meisters vorgezählt.

Bei der Entlassung von Arbeitern wird auf einer National-Karteikarte der Tag des Austrittes vermerkt und der betreffende Arbeiter bei der Krankenkasse abgemeldet. Wenn sich Arbeiter bei uns wieder melden, die früher bei uns beschäftigt waren und aus irgendeinem Grunde entlassen wurden, so gestatten unsere Bücher stets eine genaue Prüfung, warum die Entlassung erfolgt ist, und wir sind sofort in der Lage, uns nicht genehme Arbeiter zurückzuweisen. Unsere sämtlichen Arbeiter sind bei der Nordöstlichen Eisen- und Stahl-Berufsgenossenschaft versichert, der wir die verdienten Löhne am Schluß eines jeden Jahres aufgeben. Wir sind gesetzlich verpflichtet, dieser Berufsgenossenschaft jeden Betriebsunfall wegen späterer Rentenzahlung zu melden.

V.
Organisation der Aufstellungsabteilung.

In vielen Betrieben ist es üblich, die Aufstellungsarbeiten von dem technischen Bureau leiten zu lassen. Wir haben mit dieser Einrichtung gebrochen. Bei dem alten System kann unmöglich eine einheitliche Prüfung und Entsendung der Richtmeister stattfinden. Es kommen da viel zu viel Sonderinteressen einzelner Beamten in Frage. Auch dadurch, daß die betreffenden Beamten der technischen Bureaus zu oft durch andere Arbeiten in Anspruch genommen sind, wird unnötige Zeit versäumt, wenn sich Richtmeister an- oder abmelden. Es war deshalb wichtig, eine Abteilung zu schaffen, die für alle Arbeiten an Hand der ihr gegebenen Daten bestimmt, in welcher Weise diese einzelnen Arbeiten angeliefert werden müssen. Dies war bei uns umso notwendiger, als wir namentlich in unserer Berliner und Kölner Fabrik bei der Errichtung und Fertigstellung von Gaswerken sogenannte Campagne-Arbeit zu liefern haben. Wir müssen, wenn wir nicht unsere Kunden verlieren wollen, bei Eintritt des Winters mit unsern Arbeitern fertig sein, ganz gleichgültig, ob die Bestellung pünktlich oder zu spät ergangen ist.

Unsere Aufstellungsabteilung ist so ein Bindeglied zwischen technischem Bureau und Werkstatt. Sie bereitet die Aufstellungsarbeiten vor, überwacht und schließt sie ab. Zu diesem Zweck ist es notwendig, daß sie Kenntnis von den Aufträgen bei Eingang der Bestellung erhält. Ferner muß der Zeitpunkt für Anlieferung des Materials zur Baustelle festgelegt werden.

Durch eine sachgemäß eingerichtete Kartei wird eine dauernde Prüfung ausgeübt darüber, ob die für den Auftrag notwendigen einzelnen Bestellungen von dem technischen Bureau rechtzeitig herausgegeben sind, ob die einzelnen

Materialien rechtzeitig angeliefert sind — im andern Falle wird zur richtigen Zeit gemahnt — und ob die einzelnen Werkstätten mit ihren Arbeiten rechtzeitig fertig werden. Die Karten der Kartei erhalten zwei Reiter, und zwar einen weißen für den Liefermonat und einen schwarzen für den Tag der Anlieferung. Die Karten werden nach Bestellnummern geordnet. In eine zweite Kartei werden die Besteller alphabetisch eingetragen, so daß es jederzeit möglich ist, gleichgültig, ob man die Bestellnummer oder den Besteller angibt, den betreffenden Auftrag mit Leichtigkeit zu finden.

In der Aufstellungsabteilung sind zur vollständigen Übersicht Tafeln über die Richtmeister, über ihren Aufenthaltsort, über ihren Bestimmungsort, über die Aufstellungen selbst mit allen notwendigen Angaben, also über Beginn der Aufstellung, Dauer der Aufstellung, Tag der Fertigstellung, Tag der Inbetriebsetzung, etwaige Verzugstrafen usw., angebracht. Auch alle Angaben über Bezug und Lieferung von Material von Unterlieferern sind leicht ersichtlich. Auf großen Landkarten sind durch entsprechende Fähnchen die derzeitigen Aufenthaltsorte der Richtmeister, und zwar nach Art ihrer Beschäftigung in verschiedener Farbe, gekennzeichnet. Wenn an einzelnen Orten Richtmeister für Stunden oder Tage dringend verlangt werden, so ist es auf Grund dieser übersichtlichen Karte leicht, in wenigen Minuten die notwendigen Anordnungen zu treffen. Es sei im voraus erwähnt, daß wir durch besondere Beamte, meist erfahrene alte Richtmeister, eine scharfe Kontrolle über unsere Richtmeister ausüben lassen, dadurch, daß sie unangemeldet nach den Aufstellungsplätzen kommen, alle Angaben auf ihre Richtigkeit prüfen, ferner genau prüfen, ob Pünktlichkeit und Ordnung herrscht usw. Diese Prüfbeamten haben gleichzeitig dafür zu sorgen, daß die Richtmeister nicht etwa „pfuschen", da diese ein gewisses Interesse daran haben, infolge der vereinbarten Akkorde so schnell wie möglich fertig zu werden. Ich kann die Einzelheiten dieser Einrichtung hier nicht so eingehend beschreiben und möchte auf den Aufsatz hinweisen, den mein leider so früh verstorbener Studienfreund, Professor Tischbein, seinerzeit über unsere Aufstellungsabteilung in der „Werkstatts-Technik" veröffentlicht hat.

Die Tafeln geben einen guten Anhalt dafür, unnötige Reisen der Richtmeister zu vermeiden und sie nicht ohne Not nach unsern einzelnen Fabriken zurückkommen zu lassen; es wird auch dadurch, daß man sie von ihren verschiedenen Aufenthaltorten weiterleitet, an Reisekosten gespart.

Die für die Aufstellung notwendigen Zeichnungen gehen der Aufstellungsabteilung wie dem technischen Bureau zur gleichen Zeit zu, wenn die Werkstattzeichnungen der Betriebsabteilung übermittelt werden können. Ferner kann die Aufstellungsabteilung aus der früher erwähnten, ihr gleichzeitig zugehenden Meisterbeschreibung alles Weitere ersehen.

Die Aufstellungsabteilung wird dauernd über den Fortgang der Arbeiten dadurch unterrichtet, daß an jedem Sonnabend Verzeichnisse der in Ausführung begriffenen Anlagen angefertigt und den Meistern ausgehändigt werden. Die Meister vermerken in diesen Listen, wie weit die einzelnen Arbeiten gediehen sind, oder wann die Teile angeliefert werden können. An jedem Mittwoch findet eine Besprechung in der Betriebsabteilung zwischen den Meistern und je einem Vertreter der Betriebs- und der Aufstellungsabteilung statt. Bei diesen Verhandlungen werden die Lieferzeiten festgelegt. Besonders eilige Arbeiten werden bevorzugt. Im engen Zusammenhang mit dem technischen Bureau und der Werkstatt sorgt die Aufstellungsabteilung dafür, daß rechtzeitig zur Überwachung und Leitung der Aufstellungsarbeiten Ingenieure oder Richtmeister bestimmt werden.

Durch die in der Aufstellungsabteilung eingerichtete Bestell- und Mahnkartei ist diese jederzeit in der Lage, festzustellen, ob alle Materialien zur Stelle sind, und welche zu bestimmter Zeit abgerufen werden müssen. Um diese Kartei vollständig auf dem Laufenden erhalten zu können, bekommt die Aufstellungsabteilung von sämtlichen Bestellungen der technischen und kaufmännischen Bureaus Durchschläge. Sie macht danach ihre Eintragungen.

Der zur Aufstellung zu entsendende Ingenieur oder Richtmeister erhält durch die Aufstellungsabteilung die nötigen Zeichnungen, Meisterbeschreibungen, Einführungsschreiben und einen Lohnzettel mit Angabe der Zeitdauer und des festgesetzten Preises für die Aufstellung. Über die ausgewählten Werkzeuge und Rüstungen erhält der Richtmeister zwei Listen, von denen er eine als Bescheinigung der Richtigkeit zurücksenden muß. Etwaige Fehler sind sofort zu melden. Um unsere Richtmeister an den Aufstellungsarbeiten zu beteiligen, haben wir für sie ein sogenanntes Prämiensystem eingerichtet. Mit dem Richtmeister wird für die Aufstellung ein bestimmter Preis vereinbart. Unterschreitet er diesen Preis, so erhält er vom Überschuß ein Drittel als Prämie. Dagegen wird ein Drittel der Mehrkosten auf seine nächste Aufstellung in Abzug gebracht, wenn er den Preis überschreitet. Namentlich die letztere Maßregel zwingt unsere Richtmeister dazu, uns alle Angaben zu machen, wenn ohne ihr Verschulden ein längerer Aufenthalt oder Mehrkosten entstanden sind. Infolge dieser Berichte sind wir dann in der Lage, bei unsern Auftraggebern rechtzeitig eingreifen zu können. Wir erhalten auf diese Weise auch Bericht und genaue Kontrolle darüber, ob etwa Material gefehlt hat, ob größere Transporte notwendig wurden, ob sonstige Mehrarbeiten, die wir vertraglich nicht auszuführen haben, verlangt worden sind usw.

Der Richtmeister ist verpflichtet, am Schluß der Aufstellungsarbeiten einen genauen Bericht einzusenden. Um ihn von seiner Arbeit nicht abzuhalten, ist ihm die Schreibarbeit durch zahlreiche Vordrucke vereinfacht. Er erhält bei seinem Fortgang eine Mappe mit allen Vordrucken, allen Aufstellungszeichnungen und dem erforderlichen Schreibgerät. Der Richtmeister hat regelmäßig Mittwoch und Sonnabend jeder Woche zu berichten. Bei Ausbleiben der Berichte erhält er sofort eine vorgedruckte Mahnung. Diese Berichte werden zur Weitergabe an die einzelnen Abteilungen mit zwei Durchschriften angefertigt.

Da die Lohnwoche am Mittwoch Abend endet, so müssen von allen auswärtigen Aufstellungsplätzen diese Lohnlisten im Laufe des Mittwoch bei der Aufstellungsabteilung eintreffen. Diese prüft sie daraufhin, ob die Abrechnung den Abmachungen entspricht. Ein kaufmännischer Beamter der Aufstellungsabteilung prüft die Liste rechnerisch und hinsichtlich der Eintragung der Abzüge für Invaliditäts- und Krankenversicherung. Nach Durchführung dieser Prüfung wird eine Anweisung über den Schlußbetrag der Lohnliste an die Kasse gegeben, die für Übersendung des Geldes Sorge trägt. Nach Beendigung der Aufstellung werden die Löhne an Hand der Lohnlisten zusammengestellt und auf einem dazu bestimmten Vordruck eingetragen. Der ausgefüllte Vordruck wird dem Richtmeister zugesandt, während eine Durchschrift in der Aufstellungsabteilung verbleibt. Die Prämie wird dem Richtmeister erst ein halbes Jahr nach Beendigung der Aufstellung ausgezahlt, damit wir in der Zwischenzeit Gelegenheit haben, festzustellen, ob die Arbeiten richtig und gut ausgeführt sind. Etwaige Nacharbeiten für Fehler, die auf ein Verschulden des Richtmeisters zurückzuführen sind, werden vom Verdienst abgezogen.

Die Aufstellungsabteilung führt ein Verzeichnis darüber, welche Richtmeister die einzelnen Arbeiten ausgeführt haben, um später bei Beanstandungen usw. die notwendigen Feststellungen machen zu können. Es läßt sich an Hand dieser Karten ohne weiteres nachweisen, ob die Leute gut gearbeitet haben, ob die Aufstellung teuer oder billig geworden ist. Durch Vergleich der in den Anschlag für die Aufstellung eingesetzten Summe und unter Zugrundelegung eines Mindestzuschlages auf die Unkosten wird die notwendige Prüfung darüber ausgeübt, ob bei richtiger Arbeitsweise die in den Kostenanschlag eingesetzten Summen zu hoch oder zu niedrig gegriffen sind. Etwaige sich aus den Erfahrungen ergebende Änderungen werden den technischen Abteilungen für neue Kostenanschläge mitgeteilt.

Dadurch, daß die Aufstellungsabteilung von allen Versandanzeigen Abschrift erhält, ist sie in der Lage, der Buchhalterei rechtzeitig durch bestimmte auszufüllende Vordrucke Mitteilung über das Fälligwerden von Zahlungen Kenntnis zu geben. Sobald eine Anlage in Betrieb kommt, erhält sowohl die Nachkalkulation wie die Rechnungsabteilung entsprechende Mitteilung. Die Nachkalkulation setzt hier ein, da sie imstande ist, die Nachrechnung für die betreffende Anlage zu machen, während die Rechnungsabteilung dem Besteller die Schlußrechnung übersenden kann.

Die Aufstellungsabteilung fördert und überwacht durch die hier beschriebene Ordnung die Fertigstellung der Anlage mit einfachen Mitteln. Durch Ersparen von Verzugstrafen, durch Vermeidung von Ärger und Unstimmigkeiten mit unsern Auftraggebern, durch Vermeidung von Beschwerden über unrichtige Lieferungen macht sie sich mehrfach bezahlt.

Die Übersichtlichkeit, welche die Tafeln und Karten in Verbindung mit den Karteien in der Aufstellungsabteilung geben, gestattet den Vorstandsmitgliedern, sich bei etwaigen Beanstandungen, von denen sie aus den Briefauszügen Kenntnis bekommen, über den Stand der Angelegenheit in wenigen Minuten zu unterrichten. Das technische Vorstandsmitglied prüft regelmäßig nach, wie sich die vereinbarten Akkordsummen zu den veranschlagten Summen in Wirklichkeit stellen, da wir darauf zu achten haben, daß einerseits nicht zu hohe Beträge gezahlt werden, daß aber auch anderseits die Richtmeister nicht durch zu geringe Beträge zur schlechten Arbeit verführt werden. Durch diese Prüfung wird, abgesehen von der Möglichkeit des Eingreifens, auch der Zusammenhang zwischen den Richtmeistern und dem Vorstande gewahrt. Es ist ein Leichtes, sich aus diesen regelmäßigen Schlußabrechnungen in Verbindung mit den Berichten ein Bild über die Tüchtigkeit der einzelnen Richtmeister zu machen. Auch hier gilt sonst im allgemeinen der Grundsatz, daß wir die Beamten ihre Arbeit tun lassen und nur eingreifen und uns besonders berichten lassen, wenn Unregelmäßigkeiten oder Beanstandungen erfolgen.

VI.
Nachrechnung (Nachkalkulation).

Das Schlußglied in der ganzen Organisation bildet die Nachrechnung aller ausgeführten Arbeiten. Diese Nachrechnung bezweckt die Ermittlung der Herstellkosten sämtlicher in die Fabrik gegebenen Aufträge und die Ermittlung der Handlungsunkosten. Sie gliedert sich in die Ermittlung
der Materialwerte (Material, Frachten usw.),
der Lohnwerte (im Betriebe und an den Aufstellungsplätzen),
der Betrieb- und Unkostenzuschläge,
der Handlungsunkosten-Zuschläge.

Material und Frachten.

Die Materialeintragungen erfolgen:
1. auf Grund des Magazin-Eingangsbuches für alle auf Bestellnummern bestellten und eingetragenen Gegenstände,
2. auf Grund der Materialzettel für das vom Magazin entnommene, auf Lagervorrat befindliche Material.

Dazu kommen die Frachten sowie die Rechnungswerte über Gegenstände, welche nicht durch das Magazin gegangen, sondern unmittelbar nach dem Bestellungsort gesandt worden sind.

Die auf Bestellnummern bestellten Gegenstände werden bei der Nachrechnung nach der Rechnung bewertet, in welche die Bestellnummer stets mit eingetragen wird.

Die Materialzettel werden nach dem Preisbuch, die Frachten nach dem Frachtenbuch bewertet.

Löhne.

Sämtliche gezahlten Löhne werden aus den Lohnheften herausgezogen und in das Lohnauszugbuch laufend nach der Bestellnummer eingetragen. Von hier aus werden sie, nach Werkstätten geordnet, in die Nachrechnungsbücher übertragen.

Betriebsunkosten.

Die Ermittlung der Betriebsunkosten ist so gedacht, daß jede Werkstatt eine Fabrik für sich bildet. Es sind daher für jede einzelne Werkstatt bestimmte Nummerngruppen festgelegt, um die Unkosten am Monatsschluß getrennt zu erhalten.

Unter Betriebsunkosten sind zu verstehen:
Gehälter für Meister und Werkstattbeamte, Abschreibungen auf Gebäude, Abschreibungen auf Maschinen und Werkzeuge, Reparaturen an Gebäuden, kostenlose Ersatzlieferungen und Instandsetzungen an Maschinen, Mobilien, Werkzeugen; ferner Kosten für Modelle, Versuche, im Betrieb nötige Materialien, wie Putzwolle, Öl, Besen usw., für Kraft, Licht, Heizung usw.

Den ermittelten Unkosten werden die produktiven Löhne gegenübergestellt, so daß sich die notwendigen Zuschläge für die Ermittlung der Selbstkosten daraus ergeben.

Handlungsunkosten.

Der Zuschlag für die Handlungsunkosten wird jährlich nach dem Verhältnis der Gesamtunkosten zum Jahresumsatz festgelegt. Zu den Handlungsunkosten gehören die Gehälter, soweit sie nicht Betrieb und Aufstellung betreffen, die Provisionen, die Kosten für Reklame, Reisen usw. Wenn die ermittelten Betriebsunkosten und Handlungsunkosten in einem bestimmten Verhältnis zu den baren Auslagen, d. h. zu Material und Löhnen, zugeschlagen werden, so ergeben sich die Selbstkosten. Da die Höhe der Selbstkosten durch Lohnerhöhung oder Lohnermäßigung und durch Steigen oder Fallen der Unkosten schwanken, so war es notwendig, daß Selbstkosten-Preisbücher angelegt wurden, um diese Zuschläge dem jeweiligen Stand entsprechend annähernd richtig angeben zu können.

Der Hauptzweck der Nachrechnung ist die durchaus zuverlässige Bestimmung der Selbstkosten, und zwar derart, daß dadurch eine dauernde Prüfung auch darüber ausgeübt wird, daß die gleichen Arbeiten nicht verschieden in den Herstellpreisen ausfallen und daß Vorberechnung (Voranschlag) und Nachrechnung übereinstimmen. Die von der Nachrechnung ermittelten Selbstkosten sind nur den Vorstandsmitgliedern, den Prokuristen und Abteilungsvorstehern zugänglich, damit sie bei der Veranschlagung feststellen können, wieweit im äußersten Falle bei Preisnachlässen gegangen werden kann. Selbstverständlich wird, wenn sich durch Beschaffung von neuen Maschinen, durch Umänderung von Modellen, durch Vereinfachung der Herstellung, durch Einrichtung von Massenfabrikation diese Preise ändern, den Abteilungen entsprechend Kenntnis gegeben.

Die Selbstkosten werden laufend festgestellt. Wir wissen infolgedessen bei Abgabe eines Angebotes genau im voraus, mit welchem Verdienste wir bei den einzelnen Gegenständen gerechnet haben. Wenn uns oft entgegengehalten wird, daß wir im Vergleich zu anderen mit uns im Wettbewerb stehenden Gesellschaften zu teuer sind, so ergibt sich daraus für uns zweierlei:
1. Wir haben eine billigere Herstellung der Erzeugnisse, sei es durch veränderte Arbeitsverfahren, sei es durch Verbesserung der Bauart, sei es durch Ersparung an Material zu bewirken,
2. wir erkennen aber auch im heißen Wettbewerb oft genug aus dieser scharfen Berechnung, daß unsere Mitbewerber vielfach Preise abgeben, für die sie die Gegenstände nicht herstellen können, daß sie also unbedingt zusetzen müssen, was ja auch oft das Jahresergebnis zeigt.

Es ist im Interesse der Gesamtwirtschaft unseres Volkes dringend notwendig, daß alle Fabriken eine scharfe Prüfung der Selbstkosten einführen. Ist dies nicht der Fall, so werden Werte im Inland und Ausland hinausgeworfen, die nicht wieder einzuholen sind. Alle Fabriken, die eine vernünftige Selbstkostenberechnung in der einen oder andern Form haben, werden sich niemals dazu verstehen können, auf Preise herunterzugehen, wie sie oft von der sogenannten Schleuderkonkurrenz angesetzt werden. Ein verantwortlicher Fabrikleiter kann nur in Ausnahmefällen zu den Selbstkosten oder auch einmal unter den Selbstkosten anbieten, wenn es sich darum handelt, neue Gegenstände einzuführen oder einen Stillstand der Fabriken wegen Arbeitsmangels zu verhindern. Aber es muß wirklich bei dieser **Ausnahme** bleiben. Wird an solchen Grundsätzen festgehalten, so werden auch die oft nicht zu erklärenden Unterbietungen bei städtischen und staatlichen Ausschreibungen vermieden werden.

VII.

Patentwesen, Vertrieb einschließlich Organisation der Vertretungen, der Reiseingenieure und der Reklame.

Ich habe schon erwähnt, daß wir eine Patentkartei eingerichtet haben. Anregung zur Ausarbeitung von Patenten oder zur Nachsuchung von Musterschutz wird entweder vom technischen Vorstandsmitgliede dem technischen Bureau oder vom technischen Bureau dem technischen Vorstandsmitgliede gegeben. Die Anmeldungen werden dann gemeinsam mit unserm Patentanwalt ausgearbeitet und beim Patentamt eingereicht.

Die Patentkartei enthält:

1. Angaben über Anmeldedatum, Erteilungsdaten nebst Aktennummer, Patentdauer, Fälligkeitstermin, Jahresgebühren, Ausführung und Ausführungsnachweis, Nummer der Vertragakte und sonstige Bemerkungen, Patentnummer selbst, außerdem Namen des Erfinders, Anmelders, Besitzers, gegebenenfalls Nutzungsnehmers, sowie eine Übersicht, in welchen Staaten Schutz nachgesucht ist,
2. die Eintragungsvermerke und Taxzahlungen,
3. die Zahlungen für Nutzung von Patenten.

Die Unterlagen, bestehend aus Beschreibungen, Zeichnungen, sämtlichen Erwiderungen des Patentamtes, Taxquittungen und Sonstigem, werden nach erfolgter Eintragung zu einem Aktenheft vereinigt, mit laufender Nummer versehen und in ein besonderes Patentbuch eingetragen, welches die allernotwendigsten Notizen enthält und übereinstimmend mit der Nummer des Aktenheftes geführt wird. Diese Aktenhefte werden in einem besonderen unter Verschluß gehaltenen Schrank aufbewahrt.

Sofern wir bestehende Patente oder Musterschutze dritter außenstehender Personen zu erwerben beabsichtigen oder uns derartige Erfindungen zur Verfügung gestellt werden, schließen wir Verträge, welche sich an die in „Technik und Wirtschaft" früher veröffentlichten Patentnutzungsverträge anlehnen [2]). Diese Verträge verteilen gleichmäßig Licht und Schatten auf Erfinder und Fabrikanten und regeln die Höhe der Abgaben, Absatzgebiet, Verrechnung und dergl.

Wichtig ist es auch, dauernd über diejenigen Patentanmeldungen unterrichtet zu werden, die von andern Firmen herrühren und in den Bereich unserer Fabrikationszweige fallen. Wir erhalten darum von unserm Patentanwalt Auszüge aus den Patentanmeldungen und Anmeldungen zum Gebrauchsmusterschutz. Als Gegenprüfung, daß nichts übersehen wird, lassen wir von dem Beamten, der auch die Reklame unter sich hat, den Deutschen Reichsanzeiger auf Patentanmeldungen durchsehen. Von dem technischen Vorstandsmitgliede werden dann diejenigen Anmeldungen bestimmt, von denen wir uns Auszug oder vollkommene Abschrift kommen lassen. Die einzelnen Abteilungen haben zu diesen Anmeldungen ihren Bericht zu geben und an den Vorstand zurückgelangen zu lassen. Auf diese Weise werden wir vor Überraschungen bewahrt und können rechtzeitig Einspruch gegen Anmeldungen erheben; anderseits überwachen wir die Vorgänge auf unsern

---

[2]) Vergl. T. u. W. 1909 S. 49 u. f.

Gebieten, soweit sie den Wettbewerb betreffen, und werden auch rechtzeitig auf Neuerungen aufmerksam gemacht, die wir aufnehmen können. Wir sind dadurch stets „im Bilde".

Der Vertrieb ist ebenfalls bei uns streng geregelt. Daß zum Hereinholen großer Aufträge, zur Überwindung von Schwierigkeiten, zur Anbahnung größerer Geschäfte die technischen Vorstandsmitglieder in erster Linie Reisen unternehmen, versteht sich wohl von selbst. Wir haben an größeren Plätzen Vertreter, denen bestimmte Gebiete zugeteilt sind. Diese Vertreter sind Beamte, die in unsern Fabriken jahrelang tätig waren und in unserm Bureau bei Entwürfen und Ausführungen, bei den Bauten und wenn möglich auch noch in der Fabrikation ausgebildet worden sind. Wir haben grundsätzlich damit gebrochen, sogenannte Agenten als Vertreter anzustellen. Unsere Vertreter sollen uns nicht unnütze Arbeit machen, sondern sie sollen uns Arbeit abnehmen, sie sollen an Ort und Stelle alle nötigen technischen Erklärungen geben, sollen kleinere Entwürfe und Kostenanschläge selbst ausarbeiten können, sollen größere Entwürfe und Kostenanschläge, die sie von unsern Werken aus erhalten, technisch und kaufmännisch zu vertreten imstande sein. Hierdurch wird an Zeit gewonnen und an Arbeit gespart. Ist es notwendig, daß für besondere Fabrikationszweige, bei größeren Besprechungen Einzelerklärungen gegeben werden, die der betreffende Vertreter nicht voll beherrschen kann, so werden ihm die notwendigen Kräfte von unsern Werken aus zur Verfügung gestellt, oder er kommt zu uns, um die Angelegenheit eingehend zu besprechen und sich die nötige Anweisung über Behandlung des Geschäftes geben zu lassen. Während wir in früheren Jahren von den Plätzen, wo wir Agenten hatten, nichts weiter hörten, als daß wir zu teuer seien und nachlassen müßten, und daß umgehend ein Ingenieur kommen müsse, um Aufnahmen zu machen, Entwürfe zu vertreten, Aufklärungen über einzelne Ausführungen zu geben, ist jetzt in den Vertrieb Ruhe gekommen. Wir veranstalten in entsprechenden Zwischenräumen Zusammenkünfte mit unsern Vertretern, in denen sie alle Wünsche und Erfahrungen, die sie im Laufe der Zeit gewonnen haben, vorbringen, in denen notwendige Maßnahmen und Abänderungen besprochen werden und die technische Fabrikleitung auch wieder durch Besichtigung der Fabriken Aufklärung über alle Neuheiten, Neukonstruktionen und sonstige Fortschritte gibt. Auch hierbei werden alle die Maßregeln besprochen, die zur Unterstützung unserer Vertreter im Kampfe mit dem Wettbewerb notwendig sind.

Außer diesen an festen Plätzen sitzenden Vertretern bereist eine Anzahl erster Ingenieure verschiedene Gebiete und verschiedene Teile des Auslandes. Dort, wo wir Vertreter haben, gehen sie möglichst Hand in Hand mit diesen oder halten sie über alle Vorkommnisse auf dem Laufenden. Wie oben erwähnt, sind unsere Vertreter fest angestellte Beamte mit festem Jahreseinkommen.

Im überseeischen Ausland haben wir nicht nur Verbindung durch das Technische Bureau deutscher Maschinenfabriken, sondern auch vielfach im Anschluß an einheimische Häuser unsere eignen Vertretungen, indem wir ebenfalls bei uns ausgebildete Ingenieure an Ort und Stelle gesetzt haben. Auch hier hat sich dieses System bewährt.

Diejenigen Ingenieure, welche von unseren Werken aus regelmäßig reisen, stehen im engsten Zusammenhang mit den technischen Vorstandsmitgliedern. Ganz abgesehen davon, daß sie schriftliche Berichte laut Geschäftsordnung über ihre Reisen zu machen haben, finden sofort nach Rückkehr von der Reise stets eingehende Besprechungen statt.

Ein wesentliches Hülfsmittel zum Bekanntwerden von Neuerungen wie überhaupt der Erzeugnisse von Fabriken bietet in unserer heutigen Zeit die Reklame. Wir haben zu diesem Zweck besonders geeignete Ingenieure ausgebildet, die unsere sämtlichen Fabrikationszweige beherrschen. Unsere Übersichten, welche wir von unserem Dessauer, Bayenthaler und Berliner Werk regelmäßig in bestimmten Jahresabständen herausgeben, sind in der Industrie zur Genüge bekannt. Es würde jedoch zu lange dauern, über alle von uns ausgeführten Neuerungen unsere Kundschaft in Kenntnis zu setzen, wollten wir auf das Erscheinen dieser Übersichten warten lassen. Wir geben zu diesem Zweck im gleichen Format wie die Übersichten Listen mit laufender Nummer heraus, welche alle Neuerungen einzeln behandeln, die seit Abschluß der letzten Übersicht von uns aufgenommen sind. Diese werden entweder in Form von Beilagen in technischen Zeitschriften zur Kenntnis der technischen Welt gebracht, oder sie werden an Hand unserer Kundenkartei verschickt. Diese neuen Listen werden von dem die Reklameabteilung leitenden Ingenieur aufgestellt und dem technischen Vorstandsmitgliede zur Durchsicht und Genehmigung vorgelegt. Von dem Eintreffen der gedruckten Listen gibt die Aktenverwaltung der Reklameabteilung Kenntnis, und diese bestimmt dann gegebenenfalls nach Rücksprache mit dem Vorstand, in welcher Form der Versand erfolgen soll, nachdem auch vorher über die Anzahl der zu druckenden Listen eine Verständigung erfolgt ist.

Außerdem machen wir von der Ankündigung in technischen Zeitschriften ausgiebigen Gebrauch.

Aus der nunmehr abgeschlossenen Beschreibung der Gesamtorganisation unserer Werke geht zur Genüge hervor, wie alles übersichtlich geordnet ist und wie die Fäden vom Vorstand auslaufen, um wieder zu ihm zurückzukehren. Es kann an Hand dieser Organisation nichts in unsern Bureaus oder Werkstätten vorgehen, wovon die Vorstandsmitglieder nicht Kenntnis erhalten oder zum mindesten doch in der Lage sind, sich Kenntnis zu verschaffen. Das ganze System ist durchsichtig und so zugeschnitten, daß einmal alle Fehler unbedingt zur Kenntnis des Vorstandes kommen müssen, daß die Vorstandsmitgliedern aber auch anderseits von Kleinigkeiten entlastet sind. Bei den großen Anforderungen, die trotz dieser Organisation an die Vorstandsmitglieder gestellt werden, war es wiederum notwendig, daß sie dafür sorgten, möglichst ungestört und damit möglichst schnell arbeiten zu können. Zum schnellen Arbeiten gehört die Anlage einer Telephonzentrale, die sämtliche Abteilungen und Werkstätten in den einzelnen Fabriken untereinander verbindet, zum ungestörten Arbeiten die Einrichtung einer geordneten Anmeldung von Fremden und von eignen Beamten bei den Vorstandsmitgliedern mittels Vordruckzettel, welche diesen durch besonderen Boten zugestellt werden. Die Überwachung dieser Anmeldung sowie die Verantwortung für Ordnung und

Sauberkeit im Verwaltungsgebäude ist einem zu diesem Zweck angestellten Hausmeister übertragen.

Eine Einrichtung, die sich außerordentlich bewährt hat, sei noch erwähnt. Es sind dies Briefkasten, die an den Zimmern unserer Vorstandsmitglieder angebracht sind. Diese Briefkasten können von innen und von außen geöffnet werden, von außen nur durch einen Geheimschlüssel von den Beamten, die hiermit betraut sind. Der Briefkasten ist in zwei Teile geteilt. Von außen wird in den einen Teil die eingehende, für das Vorstandsmitglied bestimmte Post, von innen in den andern Teil die ausgehende, von ihm erledigte Post und alle Briefe, die unterschriftlich erledigt sind, getan. Wir vermeiden hierdurch das fortwährende Kommen und Gehen der Boten beim Hereinbringen und Abholen von Briefen usw.

Um namentlich bei Telephongesprächen von außerhalb das technische Vorstandsmitglied erreichen zu können, ist eine Vorrichtung in seinem Zimmer angebracht, die mit der Telephonzentrale in Verbindung steht. Durch Betätigung verschiedener Druckknöpfe beim Herausgehen aus dem Zimmer oder beim Wiedereintreten wird die Telephonzentrale benachrichtigt, wo das technische Vorstandsmitglied zu erreichen ist, in welchem Bureau oder in welcher Werkstatt es ist. Die Telephonzentrale weiß ferner genau, ob der Betreffende im Hause ist, oder ob er das Haus schon verlassen hat. Früher wurde namentlich bei Telephonanrufen von außerhalb immer nach dem angerufenen Vorstandsmitgliede gesucht, und bis es gefunden wurde, war die Verbindung längst aufgehoben.

So haben wir versucht, alles derart einzurichten, daß Zeit gespart, unnütze Arbeit vermieden und alle unsere Beamten vom ersten bis zum letzten veranlaßt werden, ihr ganzes Können in den Dienst der Gesellschaft zu stellen. Daß wir auf dem Wege immer weiterer Vervollkommnung unserer Organisation nicht still stehen, und daß wir freudig und gern jede Neuerung aufnehmen, die dazu beiträgt, den Geschäftsgang zu erleichtern und die Arbeitswerte zu erhöhen, braucht nicht besonders gesagt zu werden.

Verlag von Julius Springer in Berlin.

Selbstkostenberechnung
im Maschinenbau.
Zusammenstellung und kritische Beleuchtung bewährter Methoden mit praktischen Beispielen
von Dr.-Ing. **Georg Schlesinger**,
Professor an der Technischen Hochschule zu Berlin.
170 Seiten 4⁰ mit 110 Formularen. — In Leinwand gebunden Preis M. 10,—.

Fabrikorganisation,
Fabrikbuchführung und Selbstkostenberechnung
der Firma Ludwig Loewe & Co., Aktiengesellschaft, Berlin.
Mit Genehmigung der Direktion zusammengestellt und erläutert von
J. Lilienthal.
Mit einem Vorwort von
Dr.-Ing. G. Schlesinger,
Professor an der Technischen Hochschule zu Berlin.
Zweiter berichtigter Abdruck. — In Leinwand gebunden Preis M. 10,—.

Selbstkostenberechnung
für Maschinenfabriken.
Im Auftrage des Vereines Deutscher Maschinenbau-Anstalten
bearbeitet von **J. Bruinier.**
Preis M. 1,—.

Der Fabrikbetrieb.
Praktische Anleitung zur Anlage und Verwaltung von Maschinenfabriken und ähnlichen Betrieben sowie zur Kalkulation und Lohnverrechnung.
Von **Albert Ballewski.**
Zweite, verbesserte Auflage. — Preis M. 5,—; in Leinwand gebunden M. 6,—.

Die Betriebsleitung
insbesondere der Werkstätten.
Autorisierte deutsche Ausgabe der Schrift: „Shop management"
von **Fred. W. Taylor**, Philadelphia.
Von **A. Wallichs,**
Professor an der Technischen Hochschule zu Aachen.
Mit 6 Figuren und 2 Zahlentafeln. — In Leinwand gebunden Preis M. 5,—.

Werkstättenbuchführung
für moderne Fabrikbetriebe.
Von **C. M. Lewin**, Dipl.-Ing.
In Leinwand gebunden Preis M. 5,—.

Zu beziehen durch jede Buchhandlung.

Verlag von Julius Springer in Berlin.

Die Inventur.
Aufnahmetechnik, Bewertung und Kontrolle.
Für Fabrik- und Warenhandelsbetriebe dargestellt
von **Werner Grull**,
Beratender Ingenieur, Erlangen.
Mit zahlreichen Formularen.
Preis M. 6,—; in Leinwand gebunden M. 7,—.

Die Wertminderungen an Betriebsanlagen
in wirtschaftlicher, rechtlicher und rechnerischer Beziehung
(Bewertung, Abschreibung, Tilgung, Heimfallast, Ersatz und Unterhaltung).
Von **Emil Schiff** (Berlin).
Preis M. 4,—; in Leinwand gebunden M. 4,80.

Einführung in das Wesen der doppelten Buchhaltung
auf wirtschaftlicher und mathematischer Grundlage für Ingenieure und andere gebildete Techniker.
Von Dr. **J. Fr. Schär**,
Professor an der Handelshochschule Berlin.
Preis M. 1,—.

Buchführung und Bilanzen.
Eine Anleitung für technisch Gebildete.
Von **G. Glockemeier**,
Diplom. Bergingenieur.
Preis M. 2,—.

Buchführung und Bilanzen
bei Nebenbahnen, Kleinbahnen und ähnlichen Verkehrsanstalten.
Von **Otto Behrens**,
Kassierer der Braunschweigischen Landes-Eisenbahn-Gesellschaft.
In Leinwand gebunden Preis M. 5,—.

Die Verwaltungspraxis bei Elektrizitätswerken und elektrischen Straßen- und Kleinbahnen
von **Max Berthold**,
Bevollmächtigter der Continentalen Gesellschaft für elektrische Unternehmungen und der Elektrizitäts-Aktiengesellschaft vormals Schuckert & Co. in Nürnberg.
In Leinwand gebunden Preis M. 8,—.

Zu beziehen durch jede Buchhandlung.

Verlag von Julius Springer in Berlin.

Ermittelung der billigsten Betriebskraft für Fabriken
unter Berücksichtigung der Heizungskosten, sowie der Abdampfverwertung.
Von **Karl Urbahn**, Ingenieur.
Mit 23 Textfiguren und 26 Tabellen. — Preis M. 2,40.

Über die Verwertung des Zwischendampfes
und des Abdampfes der Dampfmaschinen zu Heizzwecken.
Eine wirtschaftliche Studie von Dr.-Ing. **Ludwig Schneider**.
Mit 85 Textfiguren und einer Tafel. — Preis M. 3,20.

F. Haier, Dampfkessel-Feuerungen
zur Erzielung einer möglichst rauchfreien Verbrennung.
Zweite Auflage.
Im Auftrage des Vereines deutscher Ingenieure bearbeitet vom
Verein für Feuerungsbetrieb und Rauchbekämpfung in Hamburg.
Mit 375 Textfig., 29 Zahlentafeln u. 10 lithogr. Tafeln. In Leinwand geb. Preis M. 20,—.

Ökonomik der Wärmeenergien.
Eine Studie über Kraftgewinnung und -verwendung in der Volkswirtschaft.
— Unter vornehmlicher Berücksichtigung deutscher Verhältnisse. —
Von Diplomingenieur **Dr. Karl Bernhard Schmidt**.
Mit 12 Textfiguren. Preis M. 6,—.

Die Interessengemeinschaften.
Eine Ergänzung zur Entwicklungsgeschichte der Zusammenschlußbewegung von Unternehmungen.
Von **Dr. Ulrich Marquardt**.
Preis M. 2,—.

Fabrikschulen.
Eine Anleitung zur Gründung, Einrichtung und Verwaltung von
Fortbildungsschulen für Lehrlinge und jugendliche Arbeiter.
Von **Curt Kohlmann**.
Preis M. 3,60.

Das praktische Jahr des Maschinenbau-Volontärs.
Ein Leitfaden für den Beginn der Ausbildung zum Ingenieur.
Von Dipl.-Ing. **F. zur Nedden**.
Mit 4 Textfiguren. — Preis M. 4,—; in Leinwand gebunden M. 5,—.

Zu beziehen durch jede Buchhandlung.

Verlag von Julius Springer in Berlin.

Überseeischer Maschinenexport.
Ein Leitfaden für Maschinenfabrikanten und Ingenieure, die nach Übersee gehen.
Von **Hermann Scherbak**, Ingenieur in Hamburg.
Preis M. 3,—.

Die Industrialisierung Chinas.
Von **Waldemar Koch**, Dr.-Ing. Dr.-phil.
Preis M. 2,40.

Amerikanische Wirtschaftspolitik.
Ihre ökonomischen Grundlagen, ihre sozialen Wirkungen und ihre Lehren für die deutsche Volkswirtschaft.
Von **Dr. Franz Erich Junge**,
Beratender Ingenieur, New York.
Preis M. 7,—.

Die rationelle Auswertung der Kohlen
als Grundlage für die Entwicklung der nationalen Industrie.
Mit besonderer Berücksichtigung der Verhältnisse in den Verein. Staaten von Nordamerika, England und Deutschland.
Von **Dr. Franz Erich Junge**,
Beratender Ingenieur, New York.
Mit 10 graphischen Darstellungen. — Preis M. 3,—.

Wann gelten technische Neuerungen als patentfähig?
Ein Hilfsbuch für die Beurteilung der Patentfähigkeit.
Von **Dr. Heinrich Teudt**,
Ständiger Mitarbeiter im Kaiserlichen Patentamt.
Mit zahlreichen Beispielen und Auszügen aus den einschlägigen Entscheidungen und 17 Figuren. — Preis M. 3,—; in Leinwand gebunden M. 3,80.

Die Abfassung der Patentunterlagen und ihr Einfluß auf den Schutzumfang.
Ein Handbuch für Nachsucher und Inhaber deutscher Reichspatente.
Von **Dr. Heinrich Teudt**,
Ständiger Mitarbeiter im Kaiserlichen Patentamt.
Mit zahlreichen Beispielen und Auszügen aus den einschlägigen Entscheidungen.
Preis M. 3,60; in Leinwand gebunden M. 4,40.

Die Technik des Bankbetriebes.
Ein Hand- und Lehrbuch des praktischen Bank- und Börsenwesens.
Von **Bruno Buchwald**.
Sechste, vermehrte und verbesserte Auflage. — In Leinwand gebunden Preis M. 6,—.

Zu beziehen durch jede Buchhandlung.

MIX
Papier aus verantwortungsvollen Quellen
Paper from responsible sources
FSC® C105338

If you have any concerns about our products,
you can contact us on
ProductSafety@springernature.com

In case Publisher is established outside the EU,
the EU authorized representative is:
**Springer Nature Customer Service Center GmbH
Europaplatz 3, 69115 Heidelberg, Germany**

Printed by Libri Plureos GmbH
in Hamburg, Germany